D1724803

Annelies Paulitsch

Wie die Zahlen Mathematik machen

Ein Besuch
im Land der natürlichen Zahlen

Bibliografische Information der Deutschen Nationalbibliothek
Die Deutsche Nationalbibliothek verzeichnet diese Publikation in der Deutschen Nationalbibliografie; detaillierte bibliografische Daten sind im Internet über http://dnb.d-nb.de abrufbar.

Annelies Paulitsch
Wie die Zahlen Mathematik machen

Berlin: Pro BUSINESS 2011

ISBN 978-3-86386-167-4

1. Auflage 2011

Produktion und Herstellung: Pro BUSINESS GmbH
Gedruckt auf alterungsbeständigem Papier
Printed in Germany
www.book-on-demand.de

Wie die Zahlen Mathematik machen erschien erstmals 1986.

Illustrationen: Peter Wüpper, Hamburg

Inhalt

Einleitung 08

Kapitel 1: Einiges über die natürlichen Zahlen 10

1.1 Die Unendlichkeit der natürlichen Zahlen 10

1.2 Die Anordnung der natürlichen Zahlen 11

1.3 Der Körperbau der natürlichen Zahlen 14

1.4 Der König und die Minister 16

Kapitel 2: Verknüpfungsspiele – Addieren, Subtrahieren, Multiplizieren, Dividieren und Potenzieren 18

2.1 Die Spielregeln 18

2.2 Auf dem Verknüpfungsjahrmarkt 34

Kapitel 3: Vereine im Zahlenland – Zahlenmengen 44

3.1 Allgemeines über Zahlenmengen 44

3.2 Einige wichtige Zahlenmengen 46

3.2.1 Die Menge der Quadratzahlen Qu 47

3.2.2 Die Menge der Kubikzahlen K 50

3.2.3 Die Menge der geraden Zahlen G und die Menge der ungeraden Zahlen U 51

3.2.4 Die Menge der Primzahlen P 54

3.2.5 Die leere Menge 59

3.3 Das Hotel mit den unendlich vielen Zimmern 61

3.4 Verknüpfungsspiele für Mengen 70
3.4.1 Die Vereinigungsmenge 72
3.4.2 Die Schnittmenge 75
3.4.3 Die Restmenge 78
3.4.4 Ein Spielabend 82

Kapitel 4: Bezeichnungen, Behauptungen und Spielregeln – Definitionen, Sätze und Gesetze 92
4.1 Bezeichnungen – Definitionen 92
4.2 Behauptungen – Sätze 101
4.3 Gesetze – Spielregeln 105
4.3.1 Das Kommutativgesetz bei Verknüpfungen 105
4.3.2 Das Assoziativgesetz bei Verknüpfungen 107

Kapitel 5: Beziehungsspiele – Relationen 109
5.1 Relationen zwischen Zahlen 109
5.2 Relationen zwischen Mengen 120
5.3 Eigenschaften von Relationen 127

Kapitel 6: Lösungsmengenspiele – Gleichungen, Ungleichungen 136
6.1 Die Zahlenwaage 136
6.2 Gleichungen 141
6.2.1 Die Zahl in der Kiste 141
6.2.2 Grundmenge und Lösungsmenge von Gleichungen 145
6.2.3 Äquivalenzumformungen von Gleichungen 148
6.3 Ungleichungen 155

Kapitel 7: Platzhalter – ‚Rechnen' mit Buchstaben 160

Kapitel 8: Teilbarkeitsspiele 170
8.1 Teilbarkeitssätze 171
8.2 Primfaktorzerlegung von Zahlen 178
8.3 Der größte gemeinsame Teiler von zwei Zahlen 181
8.4 Das kleinste gemeinsame Vielfache von zwei Zahlen 185
8.5 Eigenschaften von ggT und kgV 188

Kapitel 9: Ein originelles Abschiedsgeschenk - ein Kreuzzahlrätselkalender 193

LÖSUNGEN 208

Einleitung

„Wach auf, wir müssen mit dir reden!“ - „Du musst uns helfen.“ - „Wir halten das nicht mehr aus!“

Mühsam öffnete ich die Augen - und war schlagartig wach. - ‚Das kann doch wohl nicht wahr sein‘, dacht ich. Da standen, saßen, lagen sie überall - auf der Bettdecke, auf dem Kopfkissen, neben dem Bett - die Zahlen, Buchstaben, Sätze, Definitionen aus meinen Mathematikbüchern! Hätte ich doch bloß die Schultasche nicht offengelassen!

„Was ist denn los?“ fragte ich. „Was haltet ihr nicht mehr aus?“ „Dass die Kinder Angst vor uns haben!" - „Dass sie nicht mehr schlafen können, wenn sie eine Mathematikarbeit schreiben sollen!" „Dass sie nicht mit uns umgehen können", schrien die Zahlen aufgeregt durcheinander.

„Euch geht's ja noch gut", unterbrach das x. „Bei mir wissen sie ja noch nicht einmal, was ich eigentlich bedeute!“ - Das y nickte zustimmend.

„Und wenn sie *mich* nur hören, schalten sie sofort schon ab“, ließ sich eine tiefe Stimme vernehmen. Sie gehörte einem etwa 2000 Jahre alten Satz. „Wenn dieser alte Grieche mich doch nur nie gefunden und formuliert hätte! Aber, meinem Freund geht es noch schlechter; ich meine meinen Beweis. Der muss sich ständig anhören, dass er nicht verstanden wird.“

„Nun hört mal auf zu jammern!“ - Schlagartig wurde es still. Die Null hatte gesprochen; sie schien Autorität zu haben. „Zum Jammern sind wir ja nicht hergekommen. Wir wollten dir“- und damit wandte sie sich an mich - „nämlich einen Vorschlag machen!

Wir denken, dass die Kinder uns nicht mögen, weil sie uns nicht richtig kennen, weil sie zu wenig von uns wissen.

Du musst ihnen mehr von uns erzählen: Wie wir entstanden sind, wie wir aussehen, wie wir miteinander auskommen, was wir gern spielen, was wir nicht mögen, was wir nicht dürfen ... Deswegen wollen wir dich einladen in unsere Heimat, ins Mathematikland. Nächste Woche hast du doch sowieso Ferien.

Und hinterher erzählst du den Kindern, was du gesehen und erlebt hast."

So ist dieses Buch entstanden.

Kapitel 1: Einiges über die natürlichen Zahlen

Mathematikland ist riesig! Es besteht aus so vielen kleinen Ländern, dass ich bei meiner Ankunft nicht recht wusste, wo ich mit dem Kennenlernen anfangen sollte. So stand ich ein wenig hilflos auf dem Bahnsteig.

Doch schon zupfte mich jemand am Ärmel. Es war die Zahl 3, die gekommen war, um mich abzuholen. Sie schien Gedanken lesen zu können, denn sie sagte: „Natürlich kommst du zuerst zu uns, zu den **natürlichen Zahlen.** Uns kennt jedes Kind. Und mit uns rechnen die Schüler am liebsten; wir sind nämlich am leichtesten.“ - Womit sie Recht hatte. Und da ich diese Zahlen auch besonders gern mag, stimmte ich dem Vorschlag der 3 sofort zu.

Die **natürlichen Zahlen** übrigens, das sind die Zahlen, die du schon lange kennst: 0; 1; 2; 3; 4; .... (Außer den natürlichen Zahlen gibt es, wie du wahrscheinlich weißt, noch andere Zahlen. Zum Beispiel Minuszahlen wie -3 oder Kommazahlen wie $4{,}52$ oder Brüche wie $\frac{3}{4}$. Doch davon später.)

1.1 Die Unendlichkeit der natürlichen Zahlen

„Wohnen bei euch wirklich nur natürliche Zahlen?“ fragte ich die 3 unterwegs. „Nur?“ - Die 3 schien ein wenig beleidigt zu sein. - „Wir natürlichen Zahlen sind schon jetzt mehr als ihr Menschen es je sein werdet!“ - Und wieder hatte sie Recht. Es gibt nämlich unendlich viele natürliche Zahlen. **Unendlich viele** - das ist ziemlich schwer zu verstehen.

Vielleicht kann dir folgende Geschichte helfen:

Im Land der natürlichen Zahlen nahm sich eines Tages ein ehrgeiziger Beamter des Einwohnermeldeamtes vor, eine Liste aller Einwohner anzufertigen. Er schrieb und schrieb und schrieb. Und immer wenn er dachte: ‚Jetzt hab' ich alle‘, gab es noch viele, viele Zahlen, die ihm fehlten! Er holte sich viele, viele Helfer - auch das nützte nichts. Übrigens hätten ihm auch viele, viele Computer nicht helfen können. Jede Liste der natürlichen Zahlen bleibt unvollständig, bleibt ohne Ende. Ich hoffe, du ahnst jetzt ein wenig, was folgender Satz bedeutet: Es gibt unendlich viele natürliche Zahlen. Wenn ja, dann wirst du vielleicht fragen, wie man in einem Land leben kann, das unendlich viele Einwohner hat; wie es möglich ist, dass dort nicht ständig ein ziemliches Durcheinander herrscht. Falls dies so ist, dann lies schnell weiter.

1.2 Die Anordnung der natürlichen Zahlen

Stell dir vor, der König der natürlichen Zahlen will allen Bürgern etwas mitteilen. Vielleicht hat er vor, die Steuern zu erhöhen oder alle zu seinem 80. Geburtstag einzuladen.

Unendlich viele Briefe kann er nicht verschicken. Mit Anschlägen am Königspalast hat er schlechte Erfahrungen. Solche Bekanntmachungen werden nie von allen gelesen.

Was macht der König stattdessen? - Er lässt alle seine Untertanen sich versammeln. ‚Wie will er denn bloß merken, ob jemand fehlt?‘ wirst du jetzt zu Recht fragen. ‚Da hätte ja nicht einmal unser Schulleiter den Überblick, wenn wir Schüler uns auf dem Schulhof versammelten. Und wir sind ja nicht unendlich viele!‘

Nun, der König ist klüger als du denkst.

Er hat sich nämlich - zusammen mit seinen Ministern - einen idealen Versammlungsplatz ausgedacht: den **Zahlenstrahl.** Diesen Zahlenstrahl kann der König immer dort ausbreiten, wo er ihn braucht.

Der Zahlenstrahl sieht etwa so aus:

Es ist ein Seil mit Knoten in gleichen Abständen. Diese Knoten sind nummeriert. Das heißt, dass es für jede Zahl einen Knoten gibt.

Der Anfang bleibt für den König reserviert.

Wenn nun der König zum Versammeln pfeift, lässt jede Zahl alles stehen und liegen und rennt auf ihren Platz. Der ist immer leicht zu finden. So weiß zum Beispiel die 42, dass ihr Platz zwischen der 41 und der 43 ist.

Will nun der König prüfen, ob sie alle da sind, fragt er: „Wessen Nachfolger fehlt?“ - Schnell sieht jede Zahl auf den Platz rechts neben sich; denn dort ist der Platz ihres Nachfolgers. Wenn zum Beispiel die 8 fehlt, würde die 7 es merken.

Oder der König fragt: „Wessen Vorgänger fehlt?“ - Dann sehen alle Zahlen nach links. - Nur die 1 macht dann nicht mit, denn vor ihr steht nur der König.

Weiß der König nun, dass alle Zahlen da sind, braucht er seine Ankündigung nur der 1 ins Ohr zu flüstern mit dem Befehl: „Weitersagen!“ Und bald wissen alle Zahlen Bescheid. So einfach ist das.

Auf dem Zahlenstrahl herrscht strenge Ordnung. Die Zahlen sagen: Wir sind **angeordnet.**

Manchmal haben sie überhaupt eine merkwürdige Sprache.

Statt „die 17 steht auf dem Zahlenstrahl rechts von der 12“ sagen sie **„17 ist größer als 12“**, und sie schreiben **17 > 12.**

Statt „die 15 steht auf dem Zahlenstrahl links von der 18“ sagen sie **„15 ist kleiner als 18“** und schreiben **15 < 18**.

Das ist etwas ungerecht bei den Zahlen: die 15 kann essen so viel sie will, sie kann wachsen so viel sie will; es nützt ihr nichts. Es wird immer heißen: „Die 15 ist kleiner als die 18.“ Nur, weil ihr Platz auf dem Zahlenstrahl weiter links ist.

Nun hast du schon einiges über die natürlichen Zahlen erfahren. Hier eine kurze Zusammenfassung:

1. Die natürlichen Zahlen können angeordnet werden.
2. Jede natürliche Zahl hat einen Nachfolger.
3. Jede natürliche Zahl (außer der 0) hat einen Vorgänger.
4. **2 < 5** (in Worten: 2 kleiner 5) heißt: die 2 steht weiter links auf dem Zahlenstrahl als die 5.
5. **5 > 1** (in Worten: 5 größer 1) heißt: die 5 steht weiter rechts auf dem Zahlenstrahl als die 1.

1.3 Der Körperbau der natürlichen Zahlen

Nun weißt du von den natürlichen Zahlen schon,

- dass es unendlich viele von ihnen gibt,
- dass sie angeordnet werden können,
- dass von zwei Zahlen stets eine die größere ist,
- dass sie Vorgänger und Nachfolger haben.

Aber von ihrem Aussehen war noch nicht die Rede; von ihrem Körperbau.

Und der ist ganz anders als bei uns Menschen. Bei den Menschen ist es doch so: Jeder Mensch hat einen Kopf, einen Hals, einen Körper; zwei Arme, zwei Beine, zwei Hände, zwei Füße. Die Anordnung dieser Körperteile ist bei allen Menschen gleich. Oder kennst du jemanden, dessen Kopf am linken Fuß angewachsen ist?

Unterscheiden kann man zwei Menschen nur daran, wie die einzelnen Körperteile aussehen.

Bei den Zahlen ist das anders: Es gibt zehn verschiedene Arten von Körperteilen, nämlich 0; 1; 2; 3; 4; 5; 6; 7; 8 und 9.

Diese Körperteile heißen **Ziffern**. Diese Ziffern sehen bei allen Zahlen gleich aus. Aber es gibt trotzdem Unterschiede.

1. Nicht jede Zahl hat alle zehn Körperteile. Zum Beispiel besteht die Zahl 136 nur aus den Ziffern 1; 3 und 6.
2. Eine Zahl kann einen Körperteil auch mehrfach besitzen. Zum Beispiel hat die Zahl 54344 den Körperteil 4 gleich dreimal. (Stell dir einen Menschen mit drei Hälsen vor!)
3. Wenn zwei verschiedene Zahlen dieselben Körperteile besitzen, so unterscheiden sie sich durch deren Anordnung. Zum Beispiel sind 132 und 312 verschiedene Zahlen mit gleichen Ziffern.

Bei den Menschen hat jeder Körperteil seine Bedeutung: Füße hat man zum Gehen, Hände zum Greifen usw. Bei Zahlen hängt die Bedeutung einer Ziffer davon ab, an welcher Stelle sie steht:

In der Zahl 132 hat die Ziffer 2 die Bedeutung von zwei Einern; in der Zahl 213 hat die Ziffer 2 die Bedeutung von zwei Hundertern.

Eine Zahl, die aus drei Ziffern besteht, heißt **3-stellig**; eine Zahl aus vier Ziffern heißt **4-stellig** usw.

Eigentlich ist es leicht, Zahl und Ziffer nicht zu verwechseln - man braucht nur an Mensch (Zahl) und Körperteil (Ziffer) zu denken.

Aber selbst die klugen Erwachsenen irren sich da immer mal wieder. Findest du nicht auch, dass das Zifferblatt einer Uhr besser ‚Zahlenblatt' hieße? - Die 12 zum Beispiel ist bestimmt keine Ziffer!

Allerdings gibt es eine Schwierigkeit; und zwar mit den einstelligen Zahlen. Die haben es nicht leicht; oft werden sie nicht für voll genommen. Die 8 hat sich bitter bei mir beklagt. Oft werde sie wie eine Ziffer behandelt. Dabei sei sie eine vollständige Zahl, auch wenn sie nur aus einer Ziffer bestehe. - „Wenn deine Schüler das nicht verstehen", hat sie mir zum Abschied noch gesagt, „dann erklär' es ihnen mit Buchstaben und Wörtern. Normalerweise wird ein Wort aus verschiedenen Buchstaben zusammengesetzt - wie eine Zahl aus Ziffern. Aber es gibt auch Wörter, die nur aus einem Buchstaben bestehen. Bei euch im Deutschen wohl nicht, aber zum Beispiel im Englischen: „a" heißt „ein" und ist ein ganz anständiges Wort, obwohl es nur *einen* Buchstaben hat." Das fand ich ganz einleuchtend.

Fassen wir noch einmal zusammen:

1. Eine Zahl besteht aus Ziffern.
2. 134 ist eine 3-stellige Zahl; 81 ist eine 2-stellige Zahl.
3. Der Wert einer Ziffer hängt davon ab, an welcher Stelle sie steht.

1.4 Der König und die Minister

Vom König und den Ministern war schon ein paarmal die Rede. Nun will ich dir diese wichtigen Persönlichkeiten vorstellen.

Das muss eine spannende Sache gewesen sein, damals bei der Königswahl. Jedenfalls können sich die Zahlen noch sehr gut daran erinnern. Jeder durfte sich bewerben; er musste nur zeigen, dass er etwas Besonderes war.

Als erste meldete sich die 36. „Bei mir ist die zweite Ziffer doppelt so groß wie die erste", begann sie. – „Bei uns auch, bei uns auch“, schrien einige Zahlen sofort, unter anderem die 12, die 24, die 481. Aber die 36 gab sich nicht geschlagen: „Außerdem bin ich eine Quadratzahl!" Triumphierend blickte sie in die Runde. - „Was ist das denn?" Die 121 schien nicht ganz auf dem Laufenden zu sein. Die 36 war sichtlich empört über so viel Unwissenheit. „Das solltest Du ja nun gerade wissen!" fuhr sie die 121 an. „Du bist doch selbst eine Quadratzahl!" Nach einer Weile hatte sich die 36 beruhigt und begann nun doch mit einer Erklärung: „Also, eine **Quadratzahl** ist eine Zahl, die entsteht, wenn eine Zahl mit sich selbst malgenommen wird:

4 zum Beispiel ist eine Quadratzahl, denn $4 = 2 \cdot 2$.

9 zum Beispiel ist eine Quadratzahl, denn $9 = 3 \cdot 3$.

16 zum Beispiel ist eine Quadratzahl, ... " - aber da schwieg die 36 plötzlich. Sie hatte gemerkt, dass es unendlich viele Quadratzahlen gibt; das war ja wohl doch nichts Besonderes.

Die 19 stand auf. „Ich möchte mich bewerben. Ich bin eine Primzahl!“ - Und zur 121 gewandt erklärte sie: „Eine Primzahl ist eine Zahl, die sich nur durch 1 und durch sich selbst teilen lässt.“*

* Diese Erklärung des Begriffes *Primzahl* ist allerdings nicht genau genug. Es bleibt unklar, ob die 1 eine Primzahl ist oder nicht. Auf Seite 55 kannst du die exakte Definition lesen, nach der 1 keine Primzahl ist.

„Nur schade für dich, dass es unendlich viele Primzahlen gibt", höhnte die 2. „Ich bin zwar selber eine; aber ich bin nun wirklich eine ganz besondere Zahl. Denn erstens bin ich die kleinste Primzahl, und zweitens bin ich die einzige gerade Primzahl. Und außerdem gilt nur für mich: $2 + 2 = 2 \cdot 2$." - Fast hätte die 2 die Wahl gewonnen.

Doch da kam die 1. „Ich bin noch besonderer als du!" sagte sie zur 2 gewandt. „Ich bin nämlich die kleinste Zahl. Ich bin die einzige Zahl, die keinen Vorgänger hat.*

Und außerdem kann ich mich sooft ich will mit mir selbst multiplizieren; ich bleibe immer ich: $1 \cdot 1 \cdot 1 \cdot 1 = 1$."

Die 1 hatte einen ziemlich großen Eindruck gemacht; Stille herrschte unter den Zahlen.

Da kam aus dem Haus der Ziffern die 0; würdig und majestätisch. „Es ist nicht gut", sprach sie, „wenn ihr einen aus eurer Mitte wählt. Das gibt nur Ärger. Ich bin die einzige Ziffer, die bei euch noch nicht als Zahl vorkommt.* Schon das spricht für mich. Außerdem sehe ich sehr königlich aus mit meinem dicken Bauch."

Besonders das letzte Argument überzeugte. Die 0 wurde gewählt. Seit dieser Wahl herrscht im Land der Zahlen und auch bei den Mathematikern Uneinigkeit darüber, ob die 0 eine natürliche Zahl ist oder nicht.** Fest steht jedoch, dass sie ihr König ist.

Als Minister wählte die 0 die einstelligen Zahlen, weil diese ihr von der Größe her am besten gefielen.

* Zur Zeit der Königswahl wurde die 0 nicht zu den natürlichen Zahlen gezählt.

** Mittlerweile gilt die 0 als natürliche Zahl; auch in diesem Buch.

Kapitel 2: Verknüpfungsspiele - Addieren, Subtrahieren, Multiplizieren, Dividieren und Potenzieren

2.1 Die Spielregeln

Zahlen spielen sehr viel und sehr gern. Immer wieder denken sie sich neue Spiele aus; immer schwerere.

„Unsere Spiele kennst du alle aus der Schule", sagte mir die 37 am ersten Morgen. „Deine Schüler spielen sie auch. Nur macht es ihnen meistens keinen Spaß. Und das kann ich auch gut verstehen. Wieso müsst ihr es auch immer gleich rot anstreichen, wenn ein Kind sich mal beim Spielen irrt! Und dann diese grässlichen Zensuren! Da würde ich auch nicht ans Spielen denken! - Die 5 und die 6 sind übrigens sehr sauer auf euch Lehrer, weil ihr sie bei den Kindern so unbeliebt gemacht habt. Kein Kind möchte eine 5 oder eine 6 bekommen. Außerdem solltet ihr auch einmal daran denken, dass die Schüler oft die Spielregeln nicht kennen oder sie wieder vergessen haben. Oder - und das liegt leider oft an euch Lehrern! - sie haben sie nie verstanden!"

Eigentlich hatte ich gar keine Lust, mich belehren zu lassen und drängte zum Aufbruch; wir wollten nämlich auf den Spielplatz. Dort angekommen, wurden wir von der Spielleiterin 100, begrüßt. „Heute gibt es Verknüpfungsspiele", sagte sie. „Die ganz einfachen, aber wichtigen Spiele: Das Summenspiel, das Differenzenspiel, das Produktspiel und das Quotientenspiel.* Für diese Spiele brauchen wir vier Zeichen." Und die 100 zeigte mir vier Tafeln:

* Falls du es vergessen haben solltest: Eine Summe ist ein Ausdruck der Form 7 + 3. Eine Differenz ist ein Ausdruck der Form 7 – 3. Ein Produkt ist ein Ausdruck der Form 7 · 3. Ein Quotient ist ein Ausdruck der Form 7 : 3.

„Eins solltest du noch wissen“, fuhr sie fort. „Beim Spielen können wir Zahlen uns beliebig vervielfachen; jede Zahl ist so oft da, wie sie gebraucht wird. Wie wir das machen, das ist allerdings unser Geheimnis.“ Nun, da wollte ich auch nicht weiter fragen.

Und dann ging es auch schon los. Heute sollte die beste Rechnerin der Zahlen von 20 bis 29 ermittelt werden.

Die 100 hielt die Plus-Tafel in die Luft. Das hieß, dass bei der ersten Aufgabe addiert werden sollte. Dann rief sie zwei Zahlen auf; erst die 50, dann die 17. Sofort schrie die 21: „67“. Und damit hatte sie sich den ersten Punkt geholt.

Danach hob die 100 die Geteilt-durch-Tafel hoch und rief die Zahlen 125 und 25 auf. „5“, rief die 23, und auch sie bekam einen Punkt.

‚Na ja, das können meine Schüler auch‘, dachte ich und wollte gehen. - Doch plötzlich wurde es still; man konnte förmlich hören, wie angestrengt die Zahlen nachdachten. - Da musste ich doch noch einmal hinsehen. Die 100 hatte folgende Aufgabe gestellt: 17 – 231. „Das geht doch gar nicht, oder?“ fragte die 25 schüchtern. „Stimmt!“ lobte die 100. „Allerdings bekommst du den Punkt erst, wenn du begründen kannst, warum es nicht geht.“ Die 25 versuchte es: „Es geht nicht, weil die 17 weiter links auf dem Zahlenstrahl steht als die 231. Die 17 ist kleiner.“ Die 100 war mit dieser Antwort einverstanden.

„Ich kenne auch eine Aufgabe, die nicht geht“, rief die 23. „23 : 7 geht auch nicht, weil 7 kein Teiler von mir ist.“ - „Stimmt“, sagte die 100. „Aber eigentlich wollte *ich* heute die Aufgaben stellen“. Und das tat sie dann auch noch eine ganze Weile.

Nach dem Wettbewerb - übrigens gewann die 25 - ließ sich die 100 überreden, noch das *SU-DI-PRO-QUO-Spiel* zu beaufsichtigen. *SU-DI-PRO-QUO-Spiel* ist die Abkürzung für Summen-Differenzen-Produkt-Quotienten-Spiel. Und das geht so: Vor den Mitspielern liegen Stapel von Karten, auf denen entweder eine Zahl oder ein solcher Stern steht: *. Je zwei Zahlen - von denen eine die erste und die andere die zweite ist - suchen sich Karten mit ihrer Summe, ihrer Differenz, ihrem Produkt, ihrem Quotienten. Und wenn eine dieser

Aufgaben nicht lösbar ist, nehmen sie sich eine * – Karte.

Die 15 und die 6 zum Beispiel hatten folgende Karten genommen: 21; 9; 90; * . Und 24 und 8 hatten 32; 16; 192 und 3 errechnet.

Übung:

(1) Suche die vier Zahlen für 11 und 3; für 140 und 7; für 24 und 30.

Die Lösungen findest du auf S. 208.

Die Zahlen spielten sehr eifrig, bis plötzlich die 54 aufgeregt schrie:

„Hört mal alle auf mit dem Rechnen! Ich habe etwas bemerkt: die erste und die dritte Aufgabe sind immer lösbar, die zweite und die vierte nicht!“

„Das hast du gut beobachtet", lobte die 100. „Und weil es so wichtig ist, sollten wir deine Beobachtung sofort auf ein Plakat schreiben und es auf unserem Spielplatz aufhängen“. - Die Zahlen waren einverstanden; und kurze Zeit später konnte es jeder lesen:

Zwei natürliche Zahlen können immer ihre Summe und ihr Produkt finden, aber nicht immer ihre Differenz und ihren Quotienten

„Wie ich weiß, formuliert ihr das ein wenig anders“, wandte sich die 100 an mich. Ihr sagt: „In der Menge der natürlichen Zahlen sind die Addition und die Multiplikation immer ausführbar; die Subtraktion und die Division nicht.“ – Woher sie das wusste, wollte ich sie gerade fragen, doch da fuhr sie schon fort: „Komm am Sonntag wieder. Da spielen wir das Kettenspiel. Das ist noch viel spannender.“

Am Sonntag holte mich die 300 ab; sie war an diesem Tag Spielleiterin. „Du kannst mir tragen helfen“, sagte sie und zeigte auf sechs Kisten. „In diesen Kisten sind die Zeichen, die wir heute brauchen:

+	–	·	:	(	[

Auf dem Spielplatz warteten die Zahlen schon ungeduldig. Wir waren etwas spät dran.

„Ich erklär' dir die Regeln später“, entschuldigte sich die 300. „Ich muss sofort einen **Term** zusammensetzen - einen Zahlenterm, genauer gesagt. Das ist nichts anderes als irgendein Ausdruck aus Zahlen und diesen Zeichen.“ Dabei zeigte sie auf die Kisten.

Und schon stand der erste Term da: **T1**: $100 - 4 \cdot 10 - (10 - 3) \cdot 2$.

„Los!“ rief die 300 und ließ die Stoppuhr laufen. - Heute ging es also auch um Schnelligkeit.

Und dann passierte folgendes:

Die 7 kam angeflitzt, stellte sich vor ‚10 – 3‘ und sagte: „10 – 3 = 7. Hierhin gehöre ich.“

Nun sah der Term so aus: $100 - 4 \cdot 10 - 7 \cdot 2$. Schon stürmten die 40 und die 14 heran, riefen: „4 · 10 = 40“ und „7 · 2= 14“ und stellten sich vor die entsprechenden Terme. Der neue Term 100 – 40 – 14 blieb nicht lange unverändert. Denn schon kam die 60 mit den Worten: „100 – 40 = 60; hier ist mein Platz.“ Recht kurz war der Term nun: 60 – 14. Doch schon kam die 46 angerast und schrie überglücklich: „60 - 14 = 46. Ich bin genauso viel wert wie der lange Term! Genauer gesagt: Ich habe den gleichen Wert wie er.“

Die Mathematiker schreiben das so: $100 - 4 \cdot 10 - (10 - 3) \cdot 2 = 46$.

Die zweite Aufgabe war folgende:

T2: $80 \cdot 3 - 65 : (2 + 11) + 3 + 11 \cdot 6$

Ich gebe den Spielverlauf verkürzt wieder:

$80 \cdot 3 - 65 : \underline{(2 + 11)} + 3 + 11 \cdot 6 =$

$\underline{80 \cdot 3} - \underline{65 : 13} + 3 + \underline{11 \cdot 6} =$

$\underline{240 - 5} + 3 + 66 =$

$\underline{235 + 3} + 66 = 238 + 66 = 304.$

„Bitte, bitte“, rief die 153 und zupfte dabei die 300 an der letzten Ziffer, „mach' mal einen Term mit mir und mit runden und eckigen Klammern!“

Die 300 war ziemlich fix; schon stand der gewünschte Term da:

T3: $153 - 14 : 2 - [15 - (10 + 2)] \cdot 2 - 35 : 7$

Der Spielverlauf sah so aus:

$153 - 14 : 2 - [15 - \underline{(10 + 2)}] \cdot 2 - 35 : 7 =$

$153 - 14 : 2 - \underline{[15 - 12]} \cdot 2 - 35 : 7 =$

$153 - \underline{14 : 2} - \underline{3 \cdot 2} - \underline{35 : 7} =$

$\underline{153 - 7} - 6 - 5 = \underline{146 - 6} - 5 = 140 - 5 = 135.$

Der vierte Term war kurz, aber er hatte es in sich. Es gab jedenfalls einige Unruhe. **T4:** $120 : 20 \cdot 2$.

Zwei Zahlen wollten die Lösung sein, die 3 und die 12. Die 3 behauptete: $120 : \underline{20 \cdot 2} = 120 : 40 = 3$.

Die 12 rechnete anders: $\underline{120 : 20} \cdot 2 = 6 \cdot 2 = 12$.

Die beiden konnten sich nicht einigen. So gingen sie zum König. Er war Schiedsrichter in strittigen Fällen. Der König hörte die beiden an und sprach dann folgendermaßen: „Kommen in einer Aufgabe mehrere Punktrechnungen hintereinander vor – und stehen keine Klammern –, so muss in der angegebenen Reihenfolge (das heißt von links nach rechts) gerechnet werden. – Entscheidet nun selbst, wer Recht hat!“ Die 3 sah ein, dass sie sich geirrt hatte.

Die nächsten Terme waren:

T5: $11 \cdot (15 \cdot 8 - 14 \cdot 8) + 6 \cdot 2 - [7 \cdot (3 - 2) + 1]$

T6: $[700 : (6 \cdot 6 + 8 \cdot 8) - 5 + 4] \cdot 110$

T7: $(3 \cdot 18 - 2 \cdot 18 + 11 \cdot 18 + 8 \cdot 18) : (15 + 45)$

T8: $60 : 10 \cdot 2 + 40 : 4 : 2$

Während die Zahlen eifrig rechneten, erklärte die 300 mir die Spielregeln. Das war etwas langweilig, denn ich kannte sie ganz gut. Du auch?

Übung:

(2) Berechne die Terme **T5** bis **T8**.

Die Lösungen findest du auf S. 208.

Wenn du bei allen Aufgaben zur richtigen Lösung gekommen bist, musst du die folgenden Spielregeln nicht lesen. Aber bitte nur dann!!

Spielregeln für das Kettenspiel:

1. *Berechne zuerst die Ausdrücke in den* ***Klammern.*** *Falls mehrere Klammern ineinander geschachtelt sind, fange von innen an.*
2. *Rechne als nächstes die Multiplikations- und Divisionsaufgaben - in der angegebenen Reihenfolge.* ***Punktrechnung.***
3. *Rechne zuletzt die Additions- und Subtraktionsaufgaben - in der angegebenen Reihenfolge.* ***Strichrechnung.***

Merke also: Klammern – Punkte – Striche, kurz K-P-S.

Wenn du noch nicht ganz sicher bist, ob du die Spielregeln für das Kettenspiel beherrschst, dann bearbeite Übung 3. Sonst darfst du gleich weiter lesen.

Übung:

(3) Berechne die Terme **T9** bis **T15**.

T9: $27 - (5 + 3) + 121 : 11$

T10: $[(4 + 46) : 25] \cdot (100 - 9 \cdot 11)$

T11: $[200 : 10 : 4 + 3 \cdot (7 - 4)] \cdot (7 + 3)$

T12: $25 : (4 + 10 - 9) - 18 : 9$

T13: $1000 : (2 \cdot 2 \cdot 3 - 2 \cdot 2)$

T14: $(13 + 3 - 4 \cdot 2) \cdot (92 - 85)$

T15: $3 \cdot [3 \cdot (3 + 3)]$

Die Lösungen findest du auf S. 208f.

Seit die Zahlen wussten, dass ich schon im Mathematikland mit diesem Buch begonnen hatte, sahen mir einige beim Schreiben häufig über die Schulter und gaben kluge Ratschläge.

Besonders eifrig war die 47. Sie ließ mir auch heute kaum Ruhe zum Nachdenken.

Als sie die Spielregeln auf Seite 23 gelesen hatte, setzte sie sich einfach auf meinen Schreibblock und fragte schnippisch: „Ist das alles, was du deinen Schülern zum Kettenrechnen zu sagen hast? Willst du wirklich, dass sie ihre gesamte Freizeit am Nachmittag für das Rechnen von Mathematikaufgaben brauchen?“ - Ich wusste nicht, worauf sie hinauswollte. - „Geheimtipps, Geheimtipps!“ Die 47 tat geheimnisvoll. „Du solltest deinen Schülern die Geheimtipps verraten, mit denen sie sich das Leben bzw. das Rechnen erleichtern können, die ihnen helfen, viel Zeit zu sparen. Damit könntest du dich bei den Schülern sehr beliebt machen! Und das wollt ihr Lehrer doch immer!“ – Eigentlich wollte ich lieber weiter schreiben und die Geheimtipps später hören. Aber die 47 kümmerte sich nicht darum, sondern fing sofort an mit ihren Erklärungen:

„Nimm folgenden Term: **T16:** 83 + 1047 + 17 + 953.

Nach deinen Spielregeln müsste man der Reihe nach addieren:

$$
\begin{aligned}
83 + 1047 + 17 + 953 &= \\
1130 + 17 + 953 &= \\
1147 + 953 &= \\
2100
\end{aligned}
$$

Das kann man machen, aber es wäre die reinste Zeitverschwendung!

Weil es nämlich viel einfacher geht!

Wenn in einer Aufgabe nur addiert werden soll, darf man die Summanden vertauschen und in beliebiger Reihenfolge rechnen. Das ist auch leicht einzusehen. Folgendes Beispiel soll dir dabei helfen:

Zu meinem Geburtstag könnten doch von den eingeladenen Zahlen zuerst fünf zusammen ankommen, dann vier und schließlich drei. Die Anzahl der Gäste wäre 5 + 4 + 3.

Es könnten aber auch zuerst vier, dann fünf und zuletzt drei Gäste kommen. Das wäre die Gästeanzahl 4 + 5 + 3.

Möglich wäre schließlich auch folgende Reihenfolge: erst fünf, dann sieben Gäste, also 5 + (4 + 3). Und selbstverständlich wäre in allen Fällen die Geburtstagsgesellschaft gleich groß.

Weil man also, wie du gesehen hast, beim Addieren die Summanden vertauschen darf und die Reihenfolge nicht beachten muss, hätte ich" - die 47 redete ohne Pause - „den Term 83 + 1047 + 17 + 953 so berechnet: (83 + 17) + (1047 + 953) = 100 + 2000 = 2100."

Stolz blickte die 47 mich an: „Das also ist mein erster Geheimtipp!"

Geheimtipp Nr. 1:

Beim Addieren mehrerer Summanden darf man einzelne Summanden vertauschen und in beliebiger Reihenfolge rechnen.

Ich hätte gern ein wenig Ruhe zum Nachdenken gehabt, aber davon wollte die 47 nichts wissen. Jedenfalls redete sie sofort weiter:

„Dasselbe gilt übrigens auch für die Multiplikation - und da spart man oft noch mehr Zeit. Nimm z. B. den Term **T17:** 25 · 187 · 4.

Nach deinen Regeln müsste man rechnen:

$$25 \cdot 187 \cdot 4 = 4675 \cdot 4 = 18700.$$

Und das schaffen deine Schüler wohl kaum ohne Taschenrechner! Mit meinem Geheimtipp geht es viel, viel einfacher - und im Kopf!
Ich rechne: 25 · 187 · 4 = 25 · 4 ·187 = 100 · 187 = 18 700.

Geheimtipp Nr. 2:

Beim Multiplizieren mehrerer Faktoren darf man einzelne Faktoren vertauschen und in beliebiger Reihenfolge rechnen.

„Vielen Dank für deine Tipps", wandte ich mich an die 47. Ich wollte für heute mit dem Schreiben aufhören. Aber die 47 war - leider - noch nicht fertig.

„Blättere zurück auf Seite 22 und sieh dir die erste Klammer von Term (7) an“, wies sie mich an.
„Nach deinen Spielregeln müsste man sie so berechnen:

$$3 \cdot 18 - 2 \cdot 18 + 11 \cdot 18 + 8 \cdot 18 = 54 - 36 + 198 + 144 =$$
$$18 + 198 + 144 = 216 + 144 = 360.$$

So hätte ich aber bestimmt nicht gerechnet! Ich hätte“, und die 47 sah mich triumphierend an, „ich hätte ausgeklammert!“

Bevor ich sie bitten konnte, das Wort *ausklammern* zu erklären, redete sie auch schon weiter: „Ich hätte folgendermaßen gerechnet:

$$3 \cdot 18 - 2 \cdot 18 + 11 \cdot 18 + 8 \cdot 18 = (3 - 2 + 11 + 8) \cdot 18 =$$
$$20 \cdot 18 = 360.“$$

Ich musste zugeben, dass auch dieser Vorschlag der 47 gut war. Gerade wollte ich mir überlegen, wie ich meinen Schülern das Ausklammern am besten erklären könnte, da unterbrach die 47 mich schon wieder:

„Natürlich darf man nur dann ausklammern, wenn in allen Produkten der gleiche Faktor vorkommt, wie in unserem Beispiel die 18. Warum man ausklammern darf, das solltest du deinen Schülern am besten an einem Beispiel klarmachen, etwa an folgendem:

In einem Süßigkeitengeschäft gibt es nur Tüten mit 18 Bonbons. Lothar Leckermaul kauft drei Tüten (er hat dann $3 \cdot 18$ Bonbons). Wegen übergroßen Bonbonappetits futtert er sofort zwei Tüten restlos leer (er hat jetzt noch $3 \cdot 18 - 2 \cdot 18$ Bonbons). - Zum Glück kommt seine Großmutter Liese Leckermaul gerade vorbei und schenkt ihm elf Tüten Jetzt besitzt Lothar $3 \cdot 18 - 2 \cdot 18 + 11 \cdot 18$ Bonbons). - Schließlich gibt Lothar noch den Rest seines Taschengeldes für Bonbons aus; es reicht gerade für acht Tüten. (Nun besitzt Lothar $3 \cdot 18 - 2 \cdot 18 + 11 \cdot 18 + 8 \cdot 18$ Bonbons). Wer sich nun dafür interessiert, wie viele Bonbons der glückliche Lothar jetzt sein eigen nennt, der sollte zuerst die Anzahl der Tüten bestimmen und diese Anzahl dann mit 18 multiplizieren. - Ist doch einleuchtend, oder?

Also: $3 - 2 + 11 + 8 = 20$. Lothar hat demnach 20 Tüten. Und es gilt: $20 \cdot 18 = 360$. Lothar besitzt also 360 Bonbons."

Das hatte die 47 gut erklärt, findest du nicht auch? - Wenn ja, dann bearbeite jetzt Übung 4, mit den Geheimtipps und mit Ausklammern.

Übung:

(4) Berechne die Terme **T18** bis **T23**.

T18: $194 + 2018 + 6 + 982$

T19: $5 \cdot 174 \cdot 20$

T20: $5 \cdot 13 \cdot 2 - 5 \cdot 12 \cdot 2$

T21: $11 \cdot 17 - 3 \cdot 17 + 10 \cdot 17 - 8 \cdot 17$

T22: $4 \cdot 103 + 4 \cdot 97$

T23: $5 \cdot 11 + 11 \cdot 11 + 14 \cdot 11$

Die Lösungen findest du auf S. 209f.

Das Umformen eines Terms in der eben beschriebenen Art heißt wahrscheinlich deshalb Ausklammern, weil in dem neuen Term eine Klammer vorkommt. Ausklammern war der 3. Geheimtipp der 47.

Geheimtipp Nr. 3:

Werden mehrere Produkte addiert,
die alle einen gemeinsamen Faktor haben,
so darf dieser Faktor ausgeklammert werden

Hier wäre dieses Kapitel eigentlich zu Ende gewesen, wenn der 47 nicht bereits wieder etwas Neues eingefallen wäre.

„Oh, ich sehe gerade, dass du noch über eine weitere Verknüpfung schreiben könntest. Die Verknüpfung, an die ich jetzt denke, wird übrigens oft vergessen. Das liegt daran, dass sie kein eigenes Zeichen hat - so wie die Addition das Pluszeichen, die Subtraktion das Minuszeichen usw.

Wenn du wissen willst, um welche Verknüpfung es sich handelt, dann komm doch mit auf den Spielplatz. Dort wird sie gerade gespielt.“ Ich war neugierig geworden und ging bereitwillig mit.

Was ich auf dem Spielplatz sah, erinnerte mich allerdings eher an Turnübungen als an Verknüpfungsspiele:

Da standen etliche Zahlen, und jede hatte eine zweite Zahl auf der rechten Schulter. Das sah etwa so aus: 5^2; 4^3; 2^7; 100^2. Sollte es Reiterkämpfe geben?

Die 47 schien Gedanken lesen zu können: „Hier handelt es sich nicht um Gymnastik, sondern wirklich um ein Verknüpfungsspiel“, versicherte sie mir. „Und zwar um **Hochrechnen** oder **Potenzieren.** Potenzieren ist eine besondere Art des Multiplizierens. - Ich erklär' dir das am besten an einem Beispiel:

4^3 ist eine Multiplikationsaufgabe, in der der Faktor 4 genau 3mal vorkommt; das heißt $4^3 = 4 \cdot 4 \cdot 4$. Das Ergebnis dieser Aufgabe ist 64, wie du leicht nachrechnen kannst.

Genauso gilt: $2^5 = 2 \cdot 2 \cdot 2 \cdot 2 \cdot 2 = 32$."

Gern hätte ich der 47 gesagt, dass ich die Verknüpfung Potenzieren schon lange kannte, dass ich nur nicht an sie gedacht hatte. Aber ich hatte schon eingesehen, dass es zwecklos war, sie zu unterbrechen. Und so ließ ich sie weiterreden:

„Du solltest auch einige Bezeichnungen kennenlernen:
der gesamte Term 2^5 heißt **Potenz,**

die Zahl 2 heißt **Grundzahl** oder **Basis,**

die Zahl 5 heißt **Hochzahl** oder **Exponent.**

Potenzieren ist eigentlich ganz einfach. Und doch gibt es einen Fehler, den viele Zahlen immer wieder machen; sie verwechseln zum Beispiel 7^3 mit $7 \cdot 3$. Aber dreimal der Faktor 7 ist etwas anderes als $3 \cdot 7$." - ‚Eigenartig', dachte ich, diesen Fehler machen meine Schüler auch oft.'

„Besonders leicht ist das Potenzieren in zwei Spezialfällen", fuhr die 47 unermüdlich fort. „Diese Spezialfälle haben wir als Spielregeln formuliert:

Erstens gilt: $1^2 = 1 \cdot 1 = 1$

$1^3 = 1 \cdot 1 \cdot 1 = 1$

$1^4 = 1 \cdot 1 \cdot 1 \cdot 1 = 1$ usw.

Daher lautet die erste Spielregel:

Spielregel 1

Ist 1 die Grundzahl oder Basis einer Potenz, so hat die Potenz stets den Wert 1.

Außerdem gilt: $0^2 = 0 \cdot 0 = 0$

$0^3 = 0 \cdot 0 \cdot 0 = 0$

$0^4 = 0 \cdot 0 \cdot 0 \cdot 0 = 0$ usw.

Daher lautet die zweite Spielregel:

Spielregel 2

Ist 0 die Grundzahl oder Basis einer Potenz, so hat die Potenz stets den Wert 0.

Außerdem haben wir noch drei weitere Spielregeln." - Die 47 ließ mir wirklich kaum Zeit zum Nachdenken. - „Aber die sind nicht ganz so einfach zu verstehen. Deshalb solltest du wissen, wie sie entstanden sind. Wenn du willst, erzähle ich es dir." - Was blieb mir schon anderes übrig als zu wollen! -

Die 47 begann: „Wie ich vorhin sagte, ist eine Potenz eine Multiplikationsaufgabe, bei der alle Faktoren gleich sind. - Denke zum Beispiel an $4^3 = 4 \cdot 4 \cdot 4$. Die Hochzahl oder der Exponent gibt an, wie viele Faktoren es sind, bzw. wie oft derselbe Faktor vorkommt. - Nun gehören zu einer Multiplikationsaufgabe ja mindestens zwei Faktoren. Es gibt keine Multiplikationsaufgabe mit nur einem Faktor.

Also kann die 1 bei einer Potenz eigentlich nie als Hochzahl vorkommen. Aber die 1 wollte auch einmal auf der Schulter einer anderen Zahl sitzen. So ging sie zum König und klagte ihm ihr Leid. Die weise 0 dachte ein wenig nach. Dann sprach sie: „Ich hab's!" Und danach schwieg sie.

Die 1 konnte es vor Spannung kaum noch aushalten. Endlich fuhr die 0 fort: „Wir setzen einfach etwas Neues fest! Wir setzen einfach fest, dass von heute an folgendes gelten soll:

$1^1 = 1$; $2^1 = 2$; $3^1 = 3$; $4^1 = 4$ usw. Das widerspricht keiner anderen Spielregel – und dann können wir es so festsetzen."

Noch am gleichen Tag wurde im Mathematikland eine neue Spielregel bekanntgemacht:

Spielregel 3

Beim Potenzieren ist 1 als Hochzahl zugelassen.

Und zwar gilt:

Hat eine Potenz die Hochzahl 1,
so ist der Wert der Potenz gleich der Grundzahl.
Das heißt: $1^1 = 1$; $2^1 = 2$; $3^1 = 3$ *usw.*

Am Tag nach der Einführung von Spielregel 3 ließ der König - vollkommen unerwartet - den Ministerrat zusammenkommen. „Dein Problem von gestern“ - die 0 wandte sich an die 1 - „ist auch mein Problem! Auch ich kann beim Potenzieren zwar als Grundzahl vorkommen, aber nicht als Hochzahl! Es gibt ja nun mal keine Multiplikationsaufgabe, die aus 0 Faktoren besteht.

Aber ich will auch einmal eine Hochzahl sein! Ich als König habe ja wohl das Recht dazu! Aber mir fällt einfach keine Lösung für dieses Problem ein. Helft mir, bitte!“ Die Minister beratschlagten lange. Schließlich schlugen sie dem König folgendes vor: „Setze doch einfach folgendes fest: $1^\circ = 1$; $2^\circ = 1$; $3^\circ = 1$ usw.

Du als König bist eben so mächtig, dass du als Hochzahl den Wert jeder Potenz zu 1 machst! Und außerdem widerspricht diese Festsetzung keiner anderen Spielregel. Das haben wir sorgfältig geprüft.“ Dem König gefiel der Vorschlag des Ministerrates.

Und seitdem gilt für das Potenzieren diese Spielregel:

Spielregel 4

Beim Potenzieren ist 0 als Hochzahl zugelassen.

Und zwar gilt:

Hat eine Potenz die Hochzahl 0,
so ist der Wert der Potenz gleich 1.
Das heißt: $1^0 = 1$; $2^0 = 1$; $3^0 = 1$ *usw.*

Bald allerdings stellte sich heraus, dass diese Spielregeln nicht genügten“, fuhr die 47 fort. - Ich hatte es inzwischen aufgegeben, auf eine Pause zu hoffen.

„Eines Tages nämlich gab es einen Zwischenfall. Die Potenz 0° sollte berechnet werden, und man konnte sich nicht einigen über den Wert dieser Potenz. Die Zahlen spalteten sich in zwei Parteien:

Die erste Partei vertrat die Ansicht: 0° = 0, wegen Spielregel 2.

Die zweite Partei forderte: 0° = 1, wegen Spielregel 4.

Peinlich, peinlich! Da widersprachen sich zwei Spielregeln; und so etwas darf es bei unseren Spielen nie geben. Der Ministerrat hatte also doch nicht an alles gedacht, als er Spielregel 4 formulierte. So wurde kurzerhand eine weitere Spielregel aufgestellt:

Spielregel 5

Der Term 0^0

muss beim Spielen vermieden werden!

Ich habe gehört, dass bei euch im Menschenland etliche Mathematiker dafür sind, dem Term 0^0 den Wert 1 zu geben.

Nun, wir Zahlen können das nicht verbieten. Aber wir bleiben bei unserer Entscheidung: Der Term 0^0 wird nicht berechnet! Sag' das deinen Schülern!“

Das pausenlose Reden der 47 hatte mich total erschöpft. So war ich heilfroh, dass wir von einigen Zahlen zum Spielen abgeholt wurden.

Es gab Kettenspiele; diesmal mit allen fünf Verknüpfungen. Die ersten Terme sahen folgendermaßen aus:

T24: $(7^3 - 2 \cdot 3^2 + 11) \cdot 2$

T25: $(13^2 - 147^0) \cdot 1^{12} - 14$

T26: $169 : 13 - 11 + 4 \cdot 15^2$

Bevor du in Übung 5 diese Terme berechnest, musst du noch eins wissen: Hochrechnung geht vor Punktrechnung. Das heißt dass im Term $3 \cdot 2^4$ zuerst 2^4 berechnet werden muss. Dann wird das Ergebnis mit 3 multipliziert. Es gilt also: $3 \cdot 2^4 = 3 \cdot 16 = 48$.

Unsere Formel heißt jetzt: **K - H - P - S.**

Klammern - Hochrechnung - Punktrechnung – Strichrechnung.

Denke bei den folgenden Übungen auch an die Geheimtipps!

Übungen

(5) Berechne die Terme T24 bis T26.

(6) Berechne folgende Terme. Weil es so viele sind, verrate ich dir die Lösungen - allerdings nicht in der richtigen Reihenfolge! Es sind die Zahlen 100; 13; 128; 10 500; 60; 30; 8; 1; 0; 1; 143200; 1.

T27: $3 \cdot 13 + 7 \cdot 13 - 9 \cdot 13$

T28: $2^4 + 1^5 - 3^2$

T29: $9999 + 387 + 1 + 113$

T30: $2^7 \cdot [(74 - 68) : 3 - 317^0]$

T31: $(100 - 11 \cdot 3^2) \cdot (5^3 - 5^2)$

T32: $1^2 + 2^2 + 3^2 + 4^2$

T33: $64 : 2^3 \cdot 2 - 3 \cdot 5$

T34: $(1131 + 5231)^0$

T35: $3^2 - 2^3$

T36: $25 \cdot 1432 \cdot 4$

T37: $2^6 - 4^3$

T38: $9 + 11 \cdot 5 - 4$

Die Lösungen findest du auf S 210ff

2.2 Auf dem Verknüpfungsjahrmarkt

Endlich war es soweit: der Verknüpfungsjahrmarkt begann!

Schon seit Wochen hatten die Zahlen mir davon vorgeschwärmt. Ich hatte den drei unzertrennlichen Freundinnen 44, 43 und 42 versprechen müssen, mit ihnen zusammen hinzugehen.

Nun standen wir da, mitten im Gedränge, und wussten nicht, was wir zuerst machen sollten. Die 44 wollte losen, die 43 würfeln, die 42 Klammern werfen. Deshalb sollte ich entscheiden. Ich schlug AutoScooter vor. Die drei waren einverstanden.

Auf dem Weg zur Kasse sagte die 42: „Hoffentlich kann ich mit einer von euch im selben Auto fahren!“ - Diese Bemerkung fand ich merkwürdig; es waren doch noch fast alle Wagen frei.

Die 42 hatte meinen fragenden Blick bemerkt. Sie reichte mir eine der gekauften Karten und erklärte: „Für jede Fahrt werden 20 Karten verkauft. Auf jeder Karte steht ein Zahlenterm. Je zwei von diesen Termen bedeuten dieselbe Zahl. Zwei Zahlen fahren immer dann im gleichen Auto, wenn ihre Karten den gleichen Wert haben.“

Dann wandte sie sich an die Freundinnen: „Zeigt doch mal eure Karten!" - Auf der Karte der 43 stand **27 : 3 + 6**. Auf der Karte der 44 stand $\mathbf{2^7}$. Die 42 hatte den Term $\mathbf{11 \cdot 11 - 21}$, und auf meiner Karte war zu lesen: $\mathbf{10^2 + 2 \cdot 14}$.

„Glück gehabt, Glück gehabt!“ Die 44 umarmte mich stürmisch. „Wir beide fahren zusammen!“ - Und schon zerrte sie mich in ein knallrotes Auto.

Die 43 rief laut: „15! Wer hat die 15?“ Die 42 rief noch lauter: „100! Wer hat die 100?“ - Und schon hatten beide ihre Partner gefunden. Weil es uns allen so viel Spaß machte im Auto-Scooter, fuhren wir gleich fünfmal hintereinander. Und vor jeder Fahrt wunderte ich mich von neuem darüber, wie schnell die Zahlen rechnen können. Übrigens habe ich mir von der Zahl an der Kasse die 20 Karten zeigen lassen, die es bei unserer letzten Fahrt gab. Hier sind sie:

$\mathbf{12^2 - 24 + 1}$	$\mathbf{1000 : (300 - 50)}$	$\mathbf{10 - (8 - 1)}$
$\mathbf{3^2 \cdot 2^4}$	$\mathbf{5^3 : 5}$	$\mathbf{(4 : 2) \cdot 33}$
$\mathbf{13 - 12^0}$	$\mathbf{2^3 + 10 \cdot 4}$	$\mathbf{3 \cdot 2 \cdot 11}$
$\mathbf{13^2 - 148}$	$\mathbf{72 : 6}$	$\mathbf{1 + 4 \cdot 6}$
$\mathbf{10 - 8 - 1}$	$\mathbf{11 \cdot (9 + 2)}$	$\mathbf{3 \cdot 16}$
$\mathbf{12^2}$	$\mathbf{9 \cdot 7 : 3}$	$\mathbf{65 : 13 - 1}$
$\mathbf{123 : 41}$	$\mathbf{(7 \cdot 11) : (70 + 7)}$	

Übung

(7) Ordne die 20 Karten zu passenden Paaren.

Die Lösungen findest du auf S 212

Als nächstes ging es zur Losbude. Kaum hatte der Losverkäufer uns erblickt, da hielt er uns auch schon sein Loseimerchen unter die Nase und schrie: „Nur hineingreifen, nur hineingreifen! Die sparsame Zahl kauft drei Lose für 1 €, der Geizkragen begnügt sich mit einem Los für 50 Cent!" - Klar, dass jede von uns drei Lose zog!

Meine Loszettel sahen so aus:

12	13	26	81
	4		

2	3	7	11
	100		

11	17	4	5
	1		

Das gefiel mir gut. „Keine Niete, keine einzige Niete!“ rief ich freudestrahlend.

Aber die 43 dämpfte meine Begeisterung. „Nun mal langsam“ , sagte sie. „So schnell kannst du einem Los gar nicht ansehen, ob es eine Niete ist oder nicht. Das hängt nämlich nicht nur von den Zahlen auf dem Zettel ab, sondern auch von dir und deinen Rechenkünsten.“

Noch ehe ich fragen konnte, was ich denn zu rechnen hätte, fuhr die 43 mit ihren Erklärungen fort: „Wie du siehst, stehen auf jedem Los fünf Zahlen, vier oben und eine unten. - Und nun gilt folgende Regel: Du bekommst einen Hauptgewinn, wenn es dir gelingt, aus allen vier oberen Zahlen und den bekannten Zahlenverknüpfungen einen Term zu bilden, der den Wert der unteren Zahl hat. Jede der vier Zahlen darf allerdings nur einmal vorkommen. - Wenn du aus zwei oder drei der oberen Zahlen einen solchen Term bilden kannst, bekommst du einen Kleingewinn. - Und wenn dir kein geeigneter Term einfällt, dann ist dein Los eine Niete. - In vielen Fällen übrigens ist beim besten Willen kein Term zu finden.“

Nach einer kurzen Pause fuhr die 43 fort: „Sieh dir einmal dieses Los von mir an:

3	9	5	4
	27		

Für einen Kleingewinn würden die Terme $3 \cdot 9$ oder $3 \cdot (4 + 5)$ reichen. Beide haben den Wert 27. - Ich kann mir aber auch einen Hauptgewinn holen, und zwar mit dem Term $(9 : 3) \cdot (4 + 5)$“. Damit beendete die 43 ihre Erklärungen und nahm sich ihre beiden anderen Lose vor.
Da auch die 42 und die 44 schon eifrig rechneten, verkniff ich mir die Bemerkung, dass Losen im Zahlenland viel interessanter sei als bei den Menschen. Und auch ich wandte mich meinen drei Losen zu.

Hier nun die Ergebnisse unserer Bemühungen:

Die 42 kam zu zwei Hauptgewinnen; zu den Losen

2 3 11 5
72

und

6 7 20 21
7

waren ihr die Terme $(3 + 5) \cdot (11 - 2)$ und $(21 - 20)^7 + 6$ eingefallen.

Ihr drittes Los

3 5 7 9
4600

erwies sich als Niete.

Die 44 brachte es auf drei Kleingewinne. Sie hatte zu ihren Losen

8 9 11 9	1 3 7 20	7 10 15 25
180	**12**	**50**

die Terme $(9 + 11) \cdot 9$; $20 - (7 + 1)$ und $10 + 15 + 25$ gefunden.

Die 43 holte sich mit dem schon erwähnten Los einen Hauptgewinn. Zu ihren beiden anderen Losen fiel und allen nichts ein.

13 10 2 3
137

und

13 28 7 1
7

waren Nieten.

Ich hatte von jedem etwas. Meine drei Lose waren:

12 13 26 81	2 3 7 11	11 17 4 5
4	**100**	**1**

Eins davon brachte mit $11^2 - 3 \cdot 7 = 100$ einen Hauptgewinn, eins mit $(26 : 13) \cdot 2 = 4$ einen Kleingewinn. Das dritte war eine Niete.

Übrigens war ein Kleingewinn entweder eine Tüte Bonbons oder eine Packung Kekse. Ein Hauptgewinn war eine Zahl aus ganz weichem Stoff, eine Kuschelzahl.
Da wir zusammen genau vier Hauptgewinne und vier Kleingewinne errechnet hatten, konnten wir gerecht teilen.
Glücklich und zufrieden setzten wir unseren Jahrmarktsbummel fort.

Übung
(8) Finde für die folgenden Lose möglichst viele Gewinnterme.

3 6 9 12 **81**	2 3 11 1 **65**	5 6 7 8 **210**
1 2 1 2 **17**	2 4 3 16 **20**	4 5 12 27 **50**
4 7 8 10 **50**	2 5 6 12 **120**	40 2 7 8 **11**
12 25 144 1 **13**	4 9 16 25 **7**	3 3 3 7 **3**

Lösungsvorschläge findest du auf S. 212. *

* Wenn du Lust hast, dir etwa 30 solcher Loskarten herzustellen, dann kannst du das Losspiel auch mit Freunden, mit deinen Eltern, mit Opa und Oma, mit Onkel und Tante oder mit deinen Geschwistern spielen: fünf Lose werden für alle sichtbar auf den Tisch gelegt. Jeder erhält Papier und Bleistift und 15 Minuten Zeit. Für jeden Hauptgewinn, den ein Spieler am Ende der 15 Minuten vorweisen kann, bekommt er fünf Punkte, für jeden Kleingewinn gibt es zwei Punkte. Die Punkte werden aufgeschrieben, und die nächste Runde kann beginnen.

Wir waren noch nicht lange gegangen, als die 42 plötzlich stehenblieb. Sie drückte mir ihre gerade gewonnene Kuschelzahl in die Hand und sagte: „Halt mal, bitte. Ich muss unbedingt einmal Klammern werfen.“ Und da sah ich vor uns auch schon das Schild:

KLAMMERN WERFEN 3 PAAR 1,50 €

Das hörte sich interessant an. Zum Glück war das Gedränge hier nicht groß, so dass ich gut sehen konnte: Auf dem Tisch in der Mitte der Bude leuchtete gerade eine Gleichung auf:

$15 \cdot 3 + 2$ =?= 75.

Mitten in dem besonders langen Gleichheitszeichen war ein Fragezeichen zu sehen. Dazu erklärte mir die 43: „Das Fragezeichen leuchtet solange auf, wie die Gleichung falsch ist. Und das ist hier der Fall. Denn $15 \cdot 3 + 2$ hat den Wert 47, und 47 ist nicht 75.“ - Genau in diesem Augenblick änderte sich das Bild. Jemand hatte ein Klammernpaar um ‚$3 + 2$‘ geworfen, das Fragezeichen war verschwunden und das Gleichheitszeichen hatte wieder die normale Länge.

Jetzt stimmte die Gleichung ja auch: $15 \cdot (3 + 2) = 75$.

Die Zahl, die geworfen hatte, bekam einen Preis, eine Zuckerstange. – „Hier kommt es auf Schnelligkeit an“, erklärte mir die 43. „Jede Gleichung erlischt nach 15 Sekunden, und es erscheint eine neue. – Und natürlich muss man auch gut zielen können“, setzte sie überflüssigerweise hinzu.

Jetzt war die 42 an der Reihe. Ich staunte nicht schlecht. In Windeseile hatte sie ihre drei Klammernpaare geworfen, jedes Mal richtig und schnell genug. Sie hatte

$3 + 2 \cdot 4 + 5$ =?= 21 in $3 + 2 \cdot (4 + 5) = 21$,

$12 : 6 : 2$ =?= 4 in $12 : (6 : 2) = 4$ und

$1 + 1^5$ =?= 32 in $(1 + 1)^5 = 32$ geändert.

Als ich mein Glück versuchen wollte, gelang es mir nur bei einer Gleichung, schnell genug zu reagieren. - Aber vier Zuckerstangen reichten ja auch!

Und wie ist es mit dir? Möchtest du nicht auch einmal Klammern werfen? Du hast dazu mehr Zeit als ich, denn deine Gleichungen verschwinden nicht nach 15 Sekunden!

Übung

(9) Setze jeweils eine Klammer an die richtige Stelle, so dass das Fragezeichen verschwindet.

1) $4 \cdot 3 - 1 + 8$ =?= 16

2) $4 \cdot 3 - 1 + 8$ =?= 3

3) $4 \cdot 3 - 1 + 8$ =?= 40

4) $12 + 1^2 - 4 - 2$ =?= 163

5) $12 + 1^2 - 4 + 2$ =?= 7

6) $250 : 50 : 5$ =?= 25

7) $3 + 2 \cdot 4 + 1$ =?= 25

8) $3 + 2 \cdot 4 + 1$ =?= 21

9) $3 + 2 \cdot 4 + 1$ =?= 13

10) $15 + 5 : 4 + 1$ =?= 6

11) $15 + 5 : 4 + 1$ =?= 16.

Die Lösungen findest du auf S. 212f.

Nach dem Klammernwerfen ging es zur Würfelbude. Nach Ansicht der 43 gab es dort die besten Preise: Bunte Kreide!

„Die brauche ich unbedingt“, meinte sie. „Deshalb werde ich solange mein Glück versuchen, bis ich eine Schachtel gewonnen habe.“ - „Das kann ja lange dauern“, stöhnte die 44. Und sie setzte hinzu: „Es ist nämlich gar nicht so einfach, einen Preis zu ‚würfeln‘ “. Dann informierte sie mich über die Gewinnregeln: „Du würfelst mit drei Würfeln. Die drei gewürfelten Zahlen musst du zu einer neuen Zahl verknüpfen. Und zwar nach folgendem Rezept: Zuerst bildest du aus zwei der drei Zahlen den Quotienten. Dann multiplizierst du diesen Quotienten mit der dritten Zahl“. Sie gab mir auch gleich ein Beispiel: „Hast du die Zahlen 1; 3 und 6 gewürfelt, kannst du daraus entweder (6 : 1) · 3 = 18 oder (3 : 1) · 6 = 18 oder (6 : 3) · 1 = 2 bilden. – Es kommt nun darauf an, ein möglichst großes Endergebnis zu erreichen. Einen Preis gibt es nämlich erst dann, wenn die errechnete Zahl größer als 17 ist.“ - Zum Schluss wies die 44 mich noch darauf hin, dass auch Würfelergebnisse vorkommen, mit denen selbst die pfiffigste Zahl nichts anfangen kann, zum Beispiel bei 2; 3 und 5. - Aber das hatte ich auch schon gemerkt!

Die 43 würfelte 15-mal, bis sie die gewünschte Kreide hatte. Danach war sie zwar ihr gesamtes Jahrmarktsgeld los, aber das schien sie nicht zu stören.

Die Würfelergebnisse der 43 waren:

1	2, 3, 4	**2**	1, 3, 3	**3**	1, 1, 6	**4**	4, 5, 5
5	3, 5, 6	**6**	4, 4, 6	**7**	2, 2, 5	**8**	2, 6, 6
9	3, 4, 5	**10**	3, 4, 4	**11**	1, 2, 5	**12**	5, 5, 5
13	1, 4, 4	**14**	4, 5, 6	**15**	1, 5, 6		

Und sie hatte folgende Endergebnisse berechnet:

1	6 = (4 : 2) · 3	**2**	9 = (3 : 1) · 3	**3**	6 = (6 : 1) · 1
4	4 = (5 : 5) · 4	**5**	10 = (6 : 3) · 5	**6**	6 = (4 : 4) · 6
7	5 = (2 : 2) · 5	**8**	2 = (6 : 6) · 2	**9**	----
10	3 = (4 : 4) · 3	**11**	10 = (5 : 1) · 2	**12**	5 = (5 : 5) · 5
13	1 = (4 : 4) · 1	**14**	----	**15**	30 = (6 : 1) · 5

Allerdings hätte die 43 ihre Kreide schon eher haben können! Sie hat an mehreren Stellen nicht das größtmögliche Endergebnis berechnet. Und einmal hätte es schon vor dem 15. Wurf größer als 17 sein können.

Übungen

(10) Bei welchem Würfeln hätte die 43 zum ersten Mal ein End-ergebnis größer als 17 berechnen können?

(11) Es gibt beim Würfeln mit drei Würfeln insgesamt nur sieben Würfelergebnisse, bei denen man ein Endergebnis bekommen kann, das größer ist als 17. Gib diese Ergebnisse an.

Die Lösungen findest du auf S. 213.

Unsere letzte Station auf dem Jahrmarkt war das Glücksrad. Als wir vor dem Stand stehenblieben, fing gerade eine neue Runde an. Einer der Mitspieler drehte das Glücksrad siebenmal hintereinander. Die gedrehten Zahlen erschienen der Reihenfolge nach auf sieben Tafeln an der Decke der Bude:

3	4	2	1	0	8	2

(Auf dem Glücksrad gibt es übrigens nur einstellige Zahlen) - Nun wurde es für eine Weile ganz still. Bis plötzlich eine der mitspielenden Zahlen „Stopp!“ schrie. Sie ging in die Mitte der Bude und drückte dort auf irgendwelche Knöpfe. Da alle Zahlen nach oben sahen, auf die Tafeln, tat ich das auch. Dort war einiges in Bewegung:

Verknüpfungszeichen, Klammern und ein Gleichheitszeichen schoben sich zwischen die Zahlen. Am Ende sah es so aus:

$$(3 \cdot 4) : (2 \cdot 1) = 0 + 8 - 2$$

Der Budenbesitzer nickte und reichte der Zahl einen Gewinnchip. Und schon begann die nächste Runde.

Es dauerte nicht lange, und da war aus 1 3 9 4 7 0 1 die Gleichung $1 \cdot 3 + 9 = 4 + 7 + 0 + 1$ geworden.

Nun hatte ich die Spielregel verstanden: Es ging darum, aus den sieben Zahlen in der vorgegebenen Reihenfolge mit Hilfe von Klammern, Verknüpfungszeichen und einem Gleichheitszeichen eine Gleichung zu machen.

Ob es mit allen Zahlen klappt? - Probiere es doch einmal aus.

Übung

(12) Versuche, für möglichst viele der folgenden Glücksradzahlen eine passende Gleichung zu finden:

1)	4	4	1	2	8	1	0
2)	5	3	3	6	7	1	1
3)	8	7	3	3	1	8	2
4)	7	5	4	3	0	9	6
5)	4	2	6	4	2	3	4
6)	3	6	4	0	1	7	3
7)	2	3	6	8	7	6	4
8)	1	0	2	4	2	6	2
9)	4	2	3	4	9	0	3
10)	8	1	1	5	4	2	2

Lösungsmöglichkeiten findest du auf S. 213.

Und wenn du noch mehr Zahlenfolgen brauchst, dann nimm einfach die Telefonnummern deiner Freunde oder den Kilometerstand von eurem Auto.

Falls diese Zahlen nicht 7-stellig sind, dann ‚verlängere' sie dir einfach. Man kann das Glücksrad-Spiel auch mit weniger als sieben einstelligen Zahlen spielen; aber dann wird es schwerer, passende Gleichungen zu finden.

Ich weiß nicht, wie lange wir noch beim Glücksrad gestanden hätten, wenn die 44 nicht plötzlich gemerkt hätte, dass sie schon längst zu Hause sein sollte!

Und da gingen wir alle, müde, aber sehr zufrieden.

Kapitel 3: Vereine im Zahlenland - Zahlenmengen

3.1 Allgemeines über Zahlenmengen

Nimm einmal an, du verstehst dich mit einigen Mitschülern aus deiner Klasse besonders gut. Dann könntet ihr einen Club gründen. Ihr könntet euch zum Beispiel *Club der tollen Typen der* 5a nennen, könntet eine Clubsprache, eine Clubschrift erfinden, Clubkleidung tragen und vieles andere mehr.

Nimm einmal an, du schwimmst gern. Dann könntest du in einen Schwimmverein eintreten. Dort triffst du andere Kinder, denen das Schwimmen auch Spaß macht.

Sicher kennst du noch weitere Clubs oder Vereine - es gibt sehr viele davon.

Das ist im Mathematikland nicht anders. Auch die Zahlen bilden leidenschaftlich gern Clubs oder Vereine, die sie **Mengen** nennen.

Eine Vereinsgründung bei den Zahlen ist höchst einfach. Stell dir einmal vor, die Zahlen 2, 7 und 19 verstehen sich so gut, dass sie sich zu einer Menge zusammentun wollen. Dann nehmen sie sich zwei sogenannte Mengenklammern { und } und einige Semikolons, setzen sich in die Klammer, trennen sich durch die Semikolons und einigen sich darüber, wie sie sich nennen wollen - und schon ist die Menge fertig!

Bei uns werden Vereine oft mit drei großen Buchstaben bezeichnet. Denke nur an die Abkürzungen HSV für *Hamburger Sportverein* oder DRK für *Deutsches Rotes Kreuz*.

Zahlen nehmen zur Kennzeichnung eines Vereins normalerweise nur *einen* großen Buchstaben.

Wenn sich die Zahlen 2; 7 und 19 zum Beispiel A nennen wollen, dann schreiben sie: $A = \{2; 7; 19\}$.

Und sie sagen: „Der Verein A hat die Mitglieder 2; 7 und 19.“

Oder - und das ist üblicher - „Die Menge A besteht aus den Zahlen 2; 7 und 19."

Mengen können sich ihren Namen, ihren Buchstaben, frei wählen. Sie brauchen dabei nur auf eins zu achten: Wenn mehrere Mengen miteinander spielen wollen, müssen sie - wenigstens für die Dauer des Spiels - verschiedene Namen wählen. Sonst könnte es Missverständnisse geben.

Übrigens brauchen sich Zahlen in ihren Mengenklammern nicht der Größe nach aufzustellen. {19; 2; 7} ist dieselbe Menge wie {2; 7; 19}. Anders ausgedrückt: Bei Mengen kommt es nicht auf die Reihenfolge an, in der die Zahlen in den Mengenklammern stehen.

Bei Vereinen gibt es gewöhnlich Mitgliedskarten. Etwas Ähnliches kennen die Zahlen auch. Nehmen wir noch einmal die Menge A = {2; 7; 19}. Eine – noch unausgefüllte – Mitgliedskarte für diese Menge sieht so aus:

$\in$ **A**

In das leere Feld links schreibt das Mitglied seinen Namen ein. Für die Menge A gibt es drei Mitgliedskarten, die ausgefüllt so aussehen:

$2 \in$ **A**	$7 \in$ **A**	$19 \in$ **A**

Den Text auf einer Mitgliedskarte lesen die Zahlen folgendermaßen: „2 ist Element von A" oder kurz „2 Element A".

Jede Zahl, die nicht zu A gehört, kann sich - und so etwas gibt es bei unseren Vereinen nicht - eine Nichtmitgliedskarte holen. Diese Karten sehen so aus:

$\notin$ **A**

Auf der Nichtmitgliedskarte der Zahl 5 für die Menge A stünde zum Beispiel:

$5 \notin$ **A**

Diesen Text lesen die Zahlen so: „5 ist nicht Element von A" oder kurz „5 nicht Element A".

Für die Menge $B = \{5; 6; 7; 8; 9\}$ gibt es 5 Mitgliedskarten, nämlich:

$5 \in \mathbf{B}$	$6 \in \mathbf{B}$	$7 \in \mathbf{B}$	$8 \in \mathbf{B}$	$9 \in \mathbf{B}$

und unendlich viele Nichtmitgliedskarten, zum Beispiel:

$1 \notin \mathbf{B}$	$2 \notin \mathbf{B}$	$71 \notin \mathbf{B}$	$28 \notin \mathbf{B}$	$93 \notin \mathbf{B}$

3.2 Einige wichtige Zahlenmengen

Wie du aus dem letzten Abschnitt weißt, können sich beliebige Zahlen zu einer Menge zusammentun. Solche bunt zusammengewürfelten Mengen bleiben meistens nicht lange zusammen; oft nur für die Dauer eines Spieltages.

Daneben gibt es im Mathematikland einige Zahlenmengen, die sich schon in grauer Vorzeit gebildet haben und die bis heute fest zusammenhalten. Es sind wichtige Mengen, die oft gebraucht werden, beim Spielen und beim Rechnen. Deshalb fühlen sie sich auch als etwas Besonderes. Sie bestehen darauf, dass ein fester Buchstabe für sie reserviert wird und sind erbost, wenn eine andere Menge diesen, ihren Buchstaben wählt.

Die Menge der natürlichen Zahlen übrigens bezeichnet sich mit **N**. Und diese Bezeichnung werden wir von jetzt an übernehmen.

Einige der oben erwähnten wichtigen Mengen möchte ich dir nun vorstellen. Es sind:

die Menge **Qu** der **Quadratzahlen**,

die Menge **K** der **Kubikzahlen,**

die Menge **G** der **geraden Zahlen**,

die Menge **U** der **ungeraden Zahlen**,

die Menge **P** der **Primzahlen**.

Ich glaube, dass diese Mengen deshalb bis heute noch so fest zusammenhalten, weil ihre Zusammensetzung vor langer Zeit nicht willkürlich geschah, sondern nach einem festen Plan. Zwei Bedingungen mussten bei der Bildung dieser Mengen erfüllt sein:

1. Zu jeder Menge gehören nur Zahlen, die ein bestimmtes Merkmal haben.
2. Alle Zahlen, die dieses Merkmal haben, gehören automatisch zu dieser Menge.

Die erste Bedingung ist auch in den meisten Vereinen bei uns Menschen erfüllt: Im Turnverein sind nur Mitglieder, die gern turnen, im Tanzclub sind nur solche, die gern das Tanzbein schwingen usw.

Die zweite Bedingung dagegen ist bei uns wohl nie erfüllt. Oder kannst du dir zum Beispiel einen Gesangsverein vorstellen, in dem *alle* sangesfreudigen Menschen ihre Stimme erklingen lassen?

Doch kommen wir nun endlich zu den einzelnen Mengen!

3.2.1 Die Menge der Quadratzahlen Qu

Vielleicht wunderst du dich darüber, dass die Menge der Quadratzahlen mit **Qu** bezeichnet wird. **Q** hätte doch auch gereicht, denkst du wahrscheinlich. Das fanden die Quadratzahlen schon immer, und ich glaube, sie finden es auch heute noch. Aber sie haben vor langer Zeit einen Prozess verloren gegen die **rationalen Zahlen,** die diesen Buchstaben auch beanspruchten. (Diese Menge wirst du später kennenlernen. Dann wirst du auch verstehen, weshalb sie mit dem Buchstaben **Q** und nicht mit **R** bezeichnet werden.)

Das Merkmal einer **Quadratzahl** ist folgendes: Sie lässt sich als Potenz mit der Hochzahl 2 schreiben.

1 zum Beispiel ist eine Quadratzahl, denn $1 = 1^2$.

4 zum Beispiel ist eine Quadratzahl, denn $4 = 2^2$.

9 zum Beispiel ist eine Quadratzahl, denn $9 = 3^2$ usw.

- Sicher ahnst du schon, dass es unendlich viele Quadratzahlen gibt.

Wenn du eine Quadratzahl brauchst, musst du also nur eine beliebige natürliche Zahl mit sich selbst malzunehmen. Das Ergebnis ist eine Quadratzahl. Zum Beispiel gilt: $7 \cdot 7 = 49$; also ist 49 eine Quadratzahl. Oder anders ausgedrückt: $49 \in$ **Qu**.

Die Zahlen sagen: 49 ist das Quadrat von 7.

Übung

(13) Berechne die ersten 20 Quadratzahlen:

$1^2 =$	$2^2 =$	$3^2 =$	$4^2 =$	$5^2 =$
$6^2 =$	$7^2 =$	$8^2 =$	$9^2 =$	$10^2 =$
$11^2 =$	$12^2 =$	$13^2 =$	$14^2 =$	$15^2 =$
$16^2 =$	$17^2 =$	$18^2 =$	$19^2 =$	$20^2 =$

Die Ergebnisse findest du auf S. 214.

Es wäre richtig gut, wenn du diese Quadratzahlen auswendig lernen könntest. Du wirst sie oft brauchen, bestimmt!

Stell dir einmal vor, bei einer Vollversammlung auf dem Zahlenstrahl ließe der König die Quadratzahlen einen Schritt nach vorn kommen. Dann sähe es am Anfang des Strahles so aus:

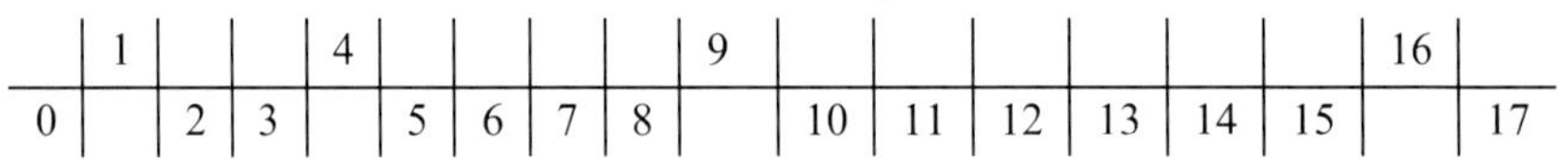

Sicher ist dir aufgefallen, dass die Abstände zwischen zwei benachbarten Quadratzahlen immer größer werden. Bei genauerem Hinsehen kannst du noch mehr erkennen: Die Abstände werden stets um 2 größer!

1 → 4 (Abstand 3), 4 → 9 (Abstand 5), 9 → 16 (Abstand 7),
16 → 25 (Abstand 9), 25 → 36 (Abstand 11), ...

Man könnte also ohne zu rechnen jeweils die nächste Quadratzahl finden, indem man nur auf die Abstände achtet. *

Sicher hast du dich als aufmerksamer Mensch schon gefragt, was Quadratzahlen mit Quadraten zu tun haben, wie sie also zu ihrem Namen kommen.

Das ist leicht erklärt.

Stell dir vor, du hast einen Baukasten mit vielen kleinen Quadraten mit der Seitenlänge 1, sogenannten Einheitsquadraten. Aus diesen Einheitsquadraten sollst du größere Quadrate legen, mit den Seitenlängen 2 oder 3 oder 4 oder 5 usw. Das sieht dann etwa so aus:

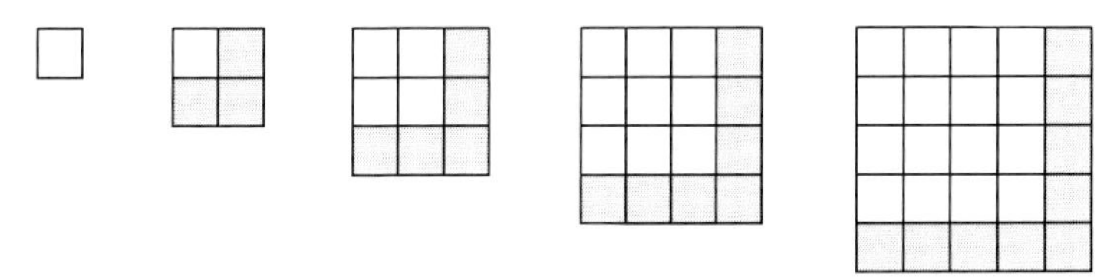

Wenn du dich jetzt fragst, wie viele kleine Quadrate du für ein großes gebraucht hast, dann stellst du fest:
Ein Quadrat mit der Seitenlänge 1 besteht aus 1 Einheitsquadrat.
Ein Quadrat mit der Seitenlänge 2 besteht aus 4 Einheitsquadraten.
Ein Quadrat mit der Seitenlänge 3 besteht aus 9 Einheitsquadraten.
…………
Ich denke, es ist ziemlich einleuchtend, dass die Quadratzahlen Quadratzahlen heißen. Oder findest du das nicht?

* Aber das ist noch nicht alles. Bei noch genauerem Hinsehen kannst du noch mehr erkennen. Zum Beispiel folgendes:
Der Abstand zwischen 1^2 und 2^2 ist 3, und $3 = 1 + 2$;
der Abstand zwischen 2^2 und 3^2 ist 5, und $5 = 2 + 3$;
der Abstand zwischen 3^2 und 4^2 ist 7; und $7 = 3 + 4$.
Hast du etwas gemerkt? Na also; Der Abstand zwischen 13^2 und 14^2 beträgt $13 + 14$, also 27, und der Abstand zwischen 100^2 und 101^2 beträgt $100 + 101$, also 201. Wenn du also das Quadrat von - sagen wir mal - 27 kennst ($27^2 = 729$), kannst du leicht das Quadrat von 28 errechnen. Du brauchst zu 729 nur den Abstand $27 + 28 = 55$ zu addieren; d. h. $28^2 = 729 + 55 = 784$.

3.2.2 Die Menge der Kubikzahlen K

Eine Kubikzahl kann ganz ähnlich wie eine Quadratzahl beschrieben werden: Eine **Kubikzahl** ist eine Zahl, die sich als Potenz mit der Hochzahl 3 schreiben lässt.

Die Zahl 8 zum Beispiel ist eine Kubikzahl, denn $8 = 2 \cdot 2 \cdot 2 = 2^3$.

Ebenso ist 1331 eine Kubikzahl, und zwar die Kubikzahl von 11. Denn es gilt: $11^3 = 11 \cdot 11 \cdot 11 = 121 \cdot 11 = 1331$.

Übung

(14) Berechne die ersten 10 Kubikzahlen, eventuell mit einem Zwischenschritt wie im Beispiel 11^3 oben:

$1^3 = 1 \cdot 1 \cdot 1 =$	$2^3 = 2 \cdot 2 \cdot 2 =$
$3^3 =$	$4^3 =$
$5^3 =$	$6^3 =$
$7^3 =$	$8^3 =$
$9^3 =$	$10^3 =$

Die Ergebnisse findest du auf S. 214.

Wie bei den Quadratzahlen gibt es auch von den Kubikzahlen unendlich viele. Die Menge der Kubikzahlen **K** hat unendlich viele Elemente.

Da die Kubikzahlen längst nicht so häufig vorkommen wie die Quadratzahlen, brauchst du die zehn ersten Kubikzahlen nicht auswendig zu lernen!

Auch die Kubikzahlen sind auf dem Zahlenstrahl so angeordnet, dass die Abstände immer größer werden. Allerdings wachsen sie nicht so regelmäßig wie die Quadratzahlen. (Genauer gesagt: die Regelmäßigkeit ist nicht so leicht zu erkennen.)

Die Kubikzahlen haben ihren Namen aus dem Lateinischen. Auf Deutsch würden sie Würfelzahlen heißen. Die Beziehung zwischen den Kubikzahlen und Würfeln ist ähnlich wie die zwischen Quadratzahlen und Quadraten.

Stell dir vor, du hast einen Baukasten mit vielen kleinen Würfeln mit der Kantenlänge 1, sogenannten Einheitswürfeln. Du baust aus ihnen größere Würfel, mit längeren Kanten; etwa so:

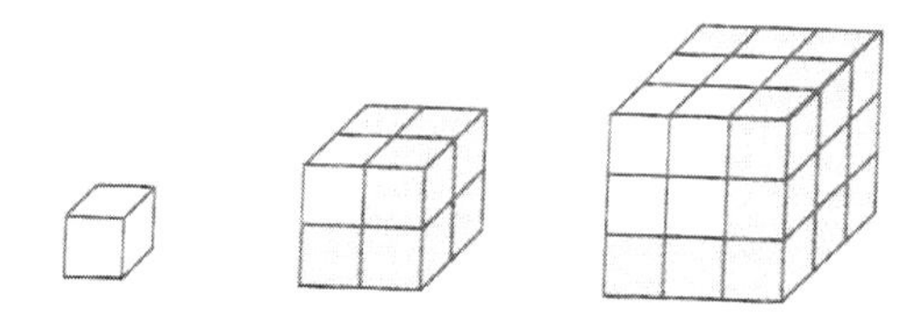

Dabei stellst du fest:

Ein Würfel mit der Kantenlänge 1 besteht aus 1 Einheitswürfel.

Ein Würfel mit der Kantenlänge 2 besteht aus 8 Einheitswürfeln.

Ein Würfel mit der Kantenlänge 3 besteht aus 27 Einheitswürfeln.

…………..

Und nun weißt du, weshalb die Kubikzahlen Kubikzahlen heißen!

3.2.3 Die Menge der geraden Zahlen G – Die Menge der ungeraden Zahlen U

Was gerade und ungerade Zahlen sind, weißt du sicher schon:

Eine **gerade Zahl** ist eine Zahl, die sich ohne Rest durch 2 teilen lässt. (Nach dieser Erklärung ist auch die 0 eine gerade Zahl. Denn wenn man 0 durch 2 teilt, bleibt sicher kein Rest.)

Eine **ungerade Zahl** ist eine Zahl, die sich nicht ohne Rest durch 2 teilen lässt.

Übrigens bat mich die 77, meinen Schülern folgendes auszurichten:

Wenn eine Zahl nicht gerade ist, dann sei sie noch lange nicht krumm. Das werde immer wieder gesagt, und da sei sie besonders empfindlich.

Wenn du wissen willst, ob eine Zahl gerade oder ungerade ist, dann brauchst du aber nicht erst durch 2 zu teilen. Du kannst dich mit einem Blick auf die letzte Ziffer begnügen. Ist die letzte Ziffer einer Zahl 0, 2, 4, 6 oder 8, so ist die Zahl gerade; ist die letzte Ziffer einer Zahl 1, 3, 5, 7 oder 9, so ist die Zahl ungerade.

Es gilt zum Beispiel: 1244 ist gerade, 7654 893 ist ungerade.

Auf dem Zahlenstrahl wechseln sich gerade und ungerade Zahlen in schöner Regelmäßigkeit ab. Jede gerade Zahl steht zwischen zwei ungeraden Zahlen, und jede ungerade Zahl steht zwischen zwei geraden Zahlen. Bei so enger Nachbarschaft kommt es natürlich manchmal zu Konflikten. Dann will jede Menge der anderen zeigen, dass sie etwas ganz Besonderes ist. Wie zum Beispiel an jenem Nachmittag, als ich folgendes beobachtete:

Die 16 sagte hochnäsig zu ihren Nachbarn 15 und 17: „Wir geraden Zahlen können für uns allein das Summenspiel spielen. Jede Aufgabe ist lösbar!“ - Damit meinte die 16 folgendes: Die Summe von zwei geraden Zahlen ist stets eine gerade Zahl. Und das stimmt auch.

Zum Beispiel gilt:

- 4 und 6 sind gerade, und auch 10 = 4 + 6 ist gerade.
- 132 und 18 sind gerade, und auch 150 = 132 + 18 ist gerade.

Die 15 und die 17 erwiderten nichts. Sie hassen das Summenspiel. Denn wenn die ungeraden Zahlen für sich allein das Summenspiel spielen, dann ist keine einzige Aufgabe lösbar! Die Summe von zwei ungeraden Zahlen ist nämlich stets eine gerade Zahl.

Zum Beispiel gilt:

- 3 und 5 sind ungerade, aber 8 = 3 + 5 ist gerade.
- 25 und 17 sind ungerade, aber 42 = 25 + 17 ist gerade.

Die 16 prahlte weiter: „Auch das Differenzenspiel können wir ohne euch spielen! Die Differenz von zwei geraden Zahlen (von denen die erste allerdings die größere sein muss) ist stets eine gerade Zahl." ‚Stimmt', stellte ich fest - und dachte an folgende Beispiele:

- 100 und 92 sind gerade, und auch 8 =100 – 92 ist gerade.
- 74 und 18 sind gerade, und auch 56 = 74 – 18 ist gerade.

Wieder blieben die 15 und die 17 stumm. Beim Differenzenspiel geht es ihnen nämlich genauso wie beim Summenspiel. Auch dort ist keine einzige Aufgabe lösbar!

Die 16 blickte stolz von einem Nachbarn zum anderen. Mir taten die 15 und die 17 schon richtig leid. Ich überlegte gerade, wie ich ihnen helfen könnte, als die 15 plötzlich zu reden begann: „Gut, ich gebe zu, dass ihr geraden Zahlen es beim Summen- und beim Differenzenspiel besser habt als wir. Aber beim Produktspiel sind wir genauso gut dran wie ihr! Es gilt nämlich:

- Das Produkt von zwei ungeraden Zahlen ist stets eine ungerade Zahl. (Beispiele: $27 \cdot 3 = 81$; $125 \cdot 83 = 10375$)
- Das Produkt von zwei geraden Zahlen ist stets eine gerade Zahl. (Beispiele: $2 \cdot 50 = 100$; $12 \cdot 74 = 88$)."

Damit hatte die 15 recht. Beim Produktspiel ging es beiden Mengen gleichermaßen gut. ‚Wenn es doch auch noch ein Spiel gäbe, bei denen die ungeraden Zahlen im Vorteil sind', dachte ich. Die 15 schien dasselbe gedacht zu haben - und ihr war sogar etwas eingefallen! „Und außerdem", wandte sie sich wieder an die 16, wobei sie sich vor Stolz förmlich aufplusterte, „geht es uns beim Quotientenspiel besser als euch! Ätsch!

Wenn zwei ungerade Zahlen sich teilen lassen, dann ist der Quotient stets eine ungerade Zahl! Wie bei 21 : 7 = 3 und 75 : 5 = 15.

Wenn aber zwei gerade Zahlen sich teilen lassen, dann ist der Quotient nicht immer eine gerade Zahl! Er kann gerade sein, er kann aber ebenso gut auch ungerade sein. Wie es zum Beispiel bei folgenden Aufgaben ist: 16 : 8 = 2 und 6 : 2 = 3."

Ich weiß nicht, wie lange der Streit noch gedauert hat; ich musste nach Hause.

Später habe ich erfahren, dass sich die Mengen **G** und **U** meistens gut verstehen. Sie wissen ja: ‚Zusammen sind wir stark! Zusammen sind wir die ganze Menge **N**!'

3.2.4 Die Menge der Primzahlen P

Wenn du Geschwister hast, dann magst du das Wort ‚teilen' vielleicht nicht so sehr. Du denkst dabei wahrscheinlich gleich an Tante Erna, die dir zu deiner Freude eine Tüte Bonbons mitbringt, zu deinem Ärger aber dazusagt: „Teile sie mit deinem Bruder und mit deiner Schwester!" - Nun, du könntest natürlich folgendermaßen teilen:

Von 21 Bonbons etwa bekommt dein Bruder einen Bonbon (weil er dich so oft ärgert), deine kleine Schwester muss sich mit zwei Bonbons begnügen (weil Süßigkeiten für ihre Zähne nicht gut sind), und du behältst die restlichen 18. - Ganz schön pfiffig! Allerdings -mathematisch gesehen hast du die Zahl 21 nicht geteilt, sondern zerlegt. Du hast sie in einzelne Summanden zerlegt: $21 = 1 + 2 + 18$.

Teilen heißt für die Zahlen und für die Mathematiker: Eine Zahl in gleichgroße Teile zerlegen. Wenn du also mathematisch geteilt hättest, dann hätte jedes von euch Geschwistern genau 7 Bonbons bekommen; denn: $21 = 7 + 7 + 7$ oder $21 = 3 \cdot 7$.

21 Bonbons hättest du bei drei Geschwistern teilen können, 20 allerdings nicht. Die Zahlen drücken das so aus: ‚21 ist durch 3 teilbar' und ‚20 ist nicht durch 3 teilbar'.

Oder sie sagen: ‚3 ist **Teiler** von 21' und ‚3 ist **kein Teiler** von 20'.

Dafür benutzen sie folgende Zeichen:

$3 \mid 21$ (3 ist Teiler von 21; kurz: 3 teilt 21)

$3 \nmid 20$ (3 ist kein Teiler von 20; kurz: 3 teilt nicht 20)

Merke dir: Der Teiler, die kleinere Zahl, steht links vom Teilerstrich!

Übung

(15) Welche der folgenden Behauptungen sind wahr, welche sind falsch? (schreibe ein w oder ein f dahinter)

1) $11 \mid 121$ 2) $11 \nmid 121$ 3) $17 \mid 17$

4) $28 \nmid 28$ 5) $8 \mid 2$ 6) $8 \mid 16$.

Die Lösungen findest du auf S. 214.

Wie du gesehen hast, ist 20 nicht durch 3 teilbar. Aber durch 4 lässt 20 sich teilen. 20 mitgebrachte Bonbons hättest du also unter 4 Personen aufteilen können.

Was aber hättest du bei 19 Bonbons gemacht? ‚19 lässt sich doch gar nicht teilen!‘ denkst du vielleicht. Das ist nicht ganz richtig. 19 lässt sich durch 19 teilen, und 19 lässt sich durch 1 teilen. Es gilt also: $19 \mid 19$ und $1 \mid 19$. - Aber 19 hat nur diese beiden Teiler, sich selbst und die 1.

Diese Eigenschaft - nur durch sich selbst und durch 1 teilbar zu sein - haben noch viele andere Zahlen, zum Beispiel die 5 und die 11.

Und damit sind wir bei den Primzahlen:

> Eine **Primzahl** ist eine Zahl, die genau zwei Teiler hat,
> sich selbst und die 1.
> Die Menge der Primzahlen bezeichnet sich mit **P.**

Übung

(16) Bestimme alle Primzahlen zwischen 1 und 50.

Die Lösungen findest du auf S. 214.

Sei ehrlich! Hast du die 1 für eine Primzahl gehalten? Das mag sie nämlich gar nicht! Sie bildet sich etwas darauf ein, dass sie die einzige Zahl ist, die nur *einen* Teiler hat, nämlich sich selbst. Und deswegen will sie keine Primzahl sein! Diese Erklärung findest du vielleicht komisch, und das ist sie auch. Einen weiteren Grund findest du im Abschnitt **8.2** in der Anmerkung auf Seite 180.

Es gibt unendlich viele Primzahlen. Die Menge **P** hat unendlich viele Elemente. Sie sind auf dem Zahlenstrahl ziemlich unregelmäßig angeordnet.

Häufig kommen sogenannte *Primzahlenzwillinge* vor; das sind zwei Primzahlen, die sich um 2 unterscheiden. Solche Zwillinge sind zum Beispiel 5 und 7; 17 und 19 und auch 71 und 73.

Übrigens, ehe ich es vergesse, die 211 bat mich, meine Schüler noch einmal ausdrücklich darauf hinzuweisen, dass Primzahlen keine *Priemzahlen* sind! - Die Vorsilbe ‚Prim' kommt aus dem Lateinischen. Dort bedeutet ‚primus' der erste, der beste. (Vielleicht hast du schon einmal den Ausdruck ‚Klassenprimus' gehört. Das war früher die Bezeichnung für den besten Schüler einer Klasse.)

Es ist oft nicht leicht, einer Zahl anzusehen, ob sie eine Primzahl ist oder nicht. Besonders bei größeren Zahlen muss man schon rechnen, genauer gesagt teilen. Eins weiß man allerdings: Gerade Zahlen kommen als Primzahlen nicht in Frage, denn sie haben den Teiler 2. Aber aufgepasst! Es gibt eine Ausnahme. Es gibt eine einzige gerade Primzahl! Sieh dir deine Lösung von Aufgabe 16 an. Hast du's? Ja, richtig!

Die **2** ist die einzige gerade Primzahl

Und darauf bildet sie sich auch ganz schön viel ein!

Ein sehr beliebtes Spiel im Mathematikland ist das *Primzahlen-Bestimmungs-Spiel*, auch *Teiler-Bestimmungs-Spiel* genannt.

Der König und die Minister haben sich dieses Spiel ausgedacht, als es ihnen eines Tages zu lästig wurde, immer wieder auf die Frage „Bin ich eine Primzahl oder nicht?“ zu antworten. Bei diesem Spiel erfährt jede Zahl, ob sie eine Primzahl ist. Sie erfährt sogar noch mehr; doch davon später.

Hier nun der Spielverlauf:

Die natürlichen Zahlen stellen sich auf dem Zahlenstrahl auf. Jede bekommt von den Ministern eine Tafel und ein Stück Kreide. Wenn nun der König zum ersten Mal pfeift, legt jede Zahl ihre Tafel vor sich hin - auf den Knoten des Zahlenstrahls, hinter dem sie steht - und begibt sich mit der Kreide in der Hand an den Anfang des Zahlenstrahls. Sind alle Zahlen dort versammelt, pfeift der König zum zweiten Mal. Daraufhin setzen sich alle Zahlen in Bewegung, und zwar folgendermaßen:

Die 1 geht von Tafel zu Tafel und schreibt auf jede Tafel eine 1 in Klammern: **(1)**. Die 2 geht von Tafel zu Tafel und schreibt auf jede zweite Tafel eine **(2).** Die 3 schreibt auf jede dritte Tafel eine **(3)**, die 4 auf jede vierte Tafel eine **(4)** und so weiter. Wenn alle Zahlen mit ihrer Beschriftung fertig sind, stellen sie sich wieder auf dem Zahlenstrahl auf, jede hinter ihre Tafel.

Hier die Tafeln der Zahlen von 1 bis 10:

1	2	3	4	5	6	7	8	9	10
(1)	**(1)**	**(1)**	**(1)**	**(1)**	**(1)**	**(1)**	**(1)**	**(1)**	**(1)**
	(2)	**(3)**	**(2)**	**(5)**	**(2)**	**(7)**	**(2)**	**(3)**	**(2)**
			(4)		**(3)**		**(4)**	**(9)**	**(5)**
					(6)		**(8)**		**(10)**

Und nun sind die Primzahlen auch schon zu erkennen. „Alles aufgepasst“, ruft der König. „Die Zahlen, auf deren Tafel genau zwei Zahlen stehen, mögen jetzt bitte zwei Schritte nach vorn treten. Ihr seid die Primzahlen!“

Verstehst du warum gerade diese Zahlen die Primzahlen sind? Ja, richtig! Auf der Tafel jeder Zahl stehen nämlich alle ihre Teiler. Eine Tafel mit genau zwei Zahlen gehört also zu einer Zahl mit genau zwei Teilern, also zu einer Primzahl.

Übung

(17) Gib an, welche Zahlen auf den Tafeln der Zahlen von 11 bis 30 stehen.

11	12	13	14	15	16	17	18	19	20
(1)	**(1)**	**(1)**	**(1)**	**(1)**	**(1)**	**(1)**	**(1)**	**(1)**	**(1)**

21	22	23	24	25	26	27	28	29	30
(1)	**(1)**	**(1)**	**(1)**	**(1)**	**(1)**	**(1)**	**(1)**	**(1)**	**(1)**

Die Lösungen findest du auf S. 215.

3.2.5 Die leere Menge

Eigentlich wollte ich das Kapitel über wichtige Zahlenmengen mit den Primzahlen abschließen. Das hätte ich sicher auch getan, wäre nicht eines Abends die 0 zu mir gekommen ...

„Ich suche dich auf", sprach sie majestätisch, „um dir eine bestimmte Menge ans Herz zu legen. Es handelt sich um eine Menge, die unter den Mengen eine Sonderstellung einnimmt - so wie ich unter den Zahlen. Ich lege dir diese Menge deshalb ans Herz, weil sie von den Schülern selten - viel zu selten – richtig verstanden wird; weil die Schüler kaum einmal richtig mit ihr umgehen."

Die 0 machte eine bedeutungsvolle Pause. Ich störte sie nicht in ihrem Schweigen. Dann sprach sie weiter: „Es handelt sich um die **leere Menge,** um die Menge, die kein Element hat und die mit **{ }** oder **Ø** bezeichnet wird."

„Oh, vielen Dank", sagte ich höflich. „vielen Dank dafür, dass du mich daran erinnerst. Die leere Menge ist wirklich ein Kapitel für sich und hat ein eigenes Kapitel verdient! – Ich wäre dir für ein paar Tipps sehr dankbar!"

Und ich nannte ihr drei Schwierigkeiten, die meine Schüler hauptsächlich mit der leeren Menge haben:

1. Sie sehen nicht ein, was die leere Menge eigentlich soll.
2. Sie schreiben statt **{ }** oft { 0 }.
3. Sie schreiben statt **Ø** oft { **Ø** }

Die 0 dachte ziemlich lange nach. Dann kam ihre Antwort: „Zu Punkt 1 kannst du in deinem Buch etwa folgendes schreiben:
Erstens brauchen wir die leere Menge dringend bei den Spielen, die Mengen untereinander spielen. Ohne die leere Menge gäbe es oft kein Ergebnis, keine Lösung - und das Spiel wäre zu Ende. So wie zum Beispiel beim Subtraktionsspiel die Aufgabe ‚10 –10' keine Lösung hätte, wenn es mich, die 0, nicht gäbe!

Zweitens kommt es bei uns häufig vor, dass wir zuerst die Mengenklammern für eine Menge aufstellen und dann erst die Elemente suchen, die zu dieser Menge bzw. in diese Mengenklammern gehören. Ich erklär' dir das am besten an einem Beispiel: In jeder Schulklasse bei uns liegen in beiden hinteren Ecken Mengenklammern. Die Klammern in der rechten Ecke sind für die *Vergesslichkeitsmenge* reserviert, die Klammern in der linken Ecke für die *Verständnismenge*. - Oft fragt der Lehrer zu Beginn einer Stunde: ‚Wer hat etwas vergessen? Die Hausaufgaben, das Buch, das Heft?' Dann stellen sich die betreffenden Zahlen - da Zahlen sich ja nicht melden können - in die Mengenklammern in der rechten hinteren Ecke. Und jedes Mal hofft der Lehrer, dass die Vergesslichkeitsmenge die leere Menge sein möge. Das würde nämlich heißen, dass kein Schüler etwas vergessen hat.

Anders sieht es bei der Verständnismenge aus. Wenn der Lehrer etwas Neues erklärt hat, fragt er zum Schluss: ‚Wer hat das verstanden?' Das ist die Aufforderung an alle, die den Durchblick haben, sich in die Verständnismengenklammern zu stellen. - Und jedes Mal hofft der Lehrer, dass die Verständnismenge nicht die leere Menge sein möge!"

Hier machte die 0 eine Pause. Ich musste ihr versichern, dass ich dies alles haargenau meinen Schülern weitererzählen würde. Erst dann fuhr sie fort:

„Kommen wir zu Punkt 2. Zum Verwechseln von { } mit { 0 }. Dies ist geradezu eine Unverschämtheit, eine Kränkung meiner königlichen Würde! { 0 } ist die Menge, die mich als einziges Element hat. Es ist sozusagen die Menge der Könige der natürlichen Zahlen. Und das darf man doch wohl nicht verwechseln mit einer Menge, die gar kein Element hat! Das ist so furchtbar dumm, dass ..."

Die 0 geriet immer mehr in Aufregung. Deswegen lenkte ich sie ganz geschickt ab: „Was ist mit Punkt 3, mit der Verwechslung von **Ø** mit { **Ø** }?" fragte ich. „Tja", antwortete die 0 etwas zögernd, „das ist nicht so einfach. Zuerst einmal muss ich etwas zu den zwei möglichen Schreibweisen für die leere Menge sagen. Ursprünglich gab es nur die beiden Mengenklammern, nur dieses Zeichen: { }. ‚Das sieht immer so aus, als hätte man die Elemente vergessen', hatte sich die leere Menge eines Tages beklagt. ‚Könnte ich nicht ein zweites Zeichen bekommen? Es könnte so ähnlich aussehen wie unser König, die 0. Wir haben doch so viel gemeinsam.' - Und so wurde das Zeichen **Ø** erfunden."

Die 0 wartete, bis ich alles mitgeschrieben hatte. Erst dann fuhr sie fort: „Also, ich wiederhole es noch einmal: für die leere Menge schreibt man entweder { } oder **Ø**. - Der Ausdruck { **Ø** }bedeutet etwas anderes. { **Ø** }bezeichnet eine Menge, die das Element **Ø** hat. Dieser Ausdruck kann schon einmal vorkommen; nämlich wenn Mengen sich zu Mengen zusammentun. - Aber das ist sehr kompliziert; das würde ich an deiner Stelle den Schülern gegenüber gar nicht erwähnen."

Das habe ich aber doch getan. Ich hoffe nämlich, dass du jetzt für die leere Menge nie, nie mehr { **Ø** } schreibst!

Übrigens, für die leere Menge gibt es nur Nichtmitgliedskarten und keine einzige Mitgliedskarte!

3.3 Das Hotel mit den unendlich vielen Zimmern

Die Primzahlen baten mich, in diesem Buch unbedingt die Geschichte vom Hotel mit den unendlich vielen Zimmern zu erzählen.* Ich glaube sie sind stolz darauf, dass sie dort eine sehr wichtige Rolle spielen!

Mir gefällt die Geschichte aus einem anderen Grund: Sie zeigt, wie gut es ist, Mathematik zu können oder wenigstens einen Mathematiker als Freund zu haben. Ich hoffe, dass diese Geschichte auch dir gefallen wird!

* In Anlehnung an das Paradoxon **Hilberts Hotel** des Mathematikers David Hilbert.

Es waren einmal ein Mann und eine Frau; die hatten ein Hotel. Weil das Hotel so schön war, war es immer besetzt. Und jedes Mal ärgerten sich der Mann und die Frau, wenn sie jemanden wegschicken mussten.

„Da haben wir doch schon 217 Zimmer; und das ist immer noch nicht genug", jammerten sie. - Und sie hätten sicher noch lange gejammert, wenn nicht eines Tages Otto gekommen wäre. Otto war ein Freund des Mannes und Mathematiker.

„Hört auf zu jammern", sagte Otto. „Baut ein Hotel mit unendlich vielen Zimmern - allerdings nur Einzelzimmern - und ihr seid alle Sorgen los!"

Die beiden verstanden nicht so ganz, worin der Sinn eines Hotels mit unendlich vielen Zimmern lag. Aber da Otto ihnen schon oft brauchbare Ratschläge gegeben hatte, fragten sie nicht weiter, sondern fingen mit dem Umbau an.

Bald war das neue Hotel fertig. Es hatte, wie Otto es gefordert hatte, unendlich viele Zimmer. An jeder Zimmertür prangte ein rundes, mit Blumen verziertes Nummernschild - die natürlichen Zahlen in der üblichen Reihenfolge. Und da es unendlich viele natürliche Zahlen gibt, bekam jedes der unendlich vielen Zimmer eine Nummer.

Es dauerte nicht lange, da war auch das neue Hotel besetzt. Es gab kein freies Zimmer mehr. Und schon kam, was kommen musste: ein müder Wanderer. Er fragte nach einer Unterkunft. „Tut uns leid", sagte die Frau, „es ist alles besetzt." - Und zu ihrem Mann gewandt fing sie an zu schimpfen: „Dieser neunmalkluge Otto! Überhaupt nichts hat sich hier geändert! Wieder müssen wir jemanden wegschicken!" - „Beruhige dich doch", bat der Mann. „Ich werde Otto anrufen. Der wird schon Rat wissen."

Zufrieden lächelnd kam der Wirt kurze Zeit später zurück. „Einen Augenblick Geduld, bitte", bat er den Wanderer. „Ich muss nur eben eine Lautsprecherdurchsage machen." - Und kurz darauf war in jedem Zimmer folgendes zu hören: „Achtung, Achtung! Hier spricht der Wirt. Jeder Gast wird gebeten, in das Zimmer mit der nächstgrößeren Zimmernummer umzuziehen; das heißt von Zimmer 1 in Zimmer 2 von Zimmer 2 in Zimmer 3 usw. Danke! Ende der Durchsage."

- Und alles ging reibungslos. Jeder Gast bekam ein Zimmer; denn jede natürliche Zahl hat ja einen Nachfolger. - „Nehmen Sie nun bitte Zimmer Nr. 1" wandte sich der Wirt lächelnd an den Wanderer. „Es ist frei."

„Merkwürdig, merkwürdig", murmelte die Frau vor sich hin. „Das verstehe ich nicht. Wir haben einen Gast mehr als vorher - aber genauso viele Zimmer wie vorher. Und jeder hat Platz! Das liegt sicher an dieser Unendlichkeit! - Was Otto sich da wieder ausgedacht hat!" - Und kopfschüttelnd, aber zufrieden, ging sie in die Küche.-

Es vergingen zwei Tage. Und wieder kam, was kommen musste: Fünf Damen aus einem Kegelclub. Sie baten um Unterkunft. - „Tut uns leid, es ist alles besetzt", wollte die Frau gerade sagen. Doch sie besann sich eines Besseren. „Einen Augenblick, bitte", sagte sie zu den Damen und „Ruf mal Otto an!" zu ihrem Mann. „Wieso denn?" fragte dieser. „Ich brauche Ottos Hilfe nicht. Das kann ich jetzt allein."

Und wenig später war in jedem Zimmer folgendes zu hören: „Achtung, Achtung! Hier spricht der Wirt. Jeder Gast wird gebeten, in das Zimmer mit der um 5 größeren Zimmernummer umzuziehen; das heißt von Zimmer 1 in Zimmer 6, von Zimmer 2 in Zimmer 7 usw. Danke! Ende der Durchsage." - Wieder ging alles reibungslos. Jeder Gast bekam ein Zimmer; denn zu jeder natürlichen Zahl gibt es eine Zahl, die um 5 größer ist. „Nehmen Sie nun bitte die Zimmer 1 bis 5", wandte sich der Wirt lächelnd an die Damen. „Sie sind frei." - Er war stolz auf sich, weil er Otto diesmal nicht gebraucht hatte.

Bald konnte auch die Frau die notwendigen Lautsprecherdurchsagen machen. Selbst ein voller Reisebus mit 50 Gästen konnte sie nicht schrecken.

Aber eines Tages waren die Wirtsleute doch wieder auf Ottos Hilfe angewiesen. Eine Reisegesellschaft war angekommen. Es war eine ganz besondere Reisegesellschaft, sie bestand aus unendlich vielen Mitgliedern! - Die Mitglieder trugen runde, mit Blumen verzierte Nummernschilder mit den natürlichen Zahlen.

Der Reiseleiter wandte sich an den Wirt: „Ich habe gehört, dass Sie nie jemanden wegschicken; auch dann nicht, wenn alle Zimmer besetzt sind. Und so hoffe ich, dass Sie auch uns aufnehmen können."

„Das geht sicher“, antwortete der Wirt. Sehr sicher klang das allerdings nicht.

„Wenn Sie sich nur noch einen Augenblick gedulden wollen. Ich muss nur noch ein Telefongespräch führen.“ - Und er eilte zum Telefon. - Zum Glück war Otto zu Hause!

Und bald darauf war in jedem Zimmer folgendes zu hören: „Achtung, Achtung! Hier spricht der Wirt. Jeder Gast wird gebeten umzuziehen. Seine neue Zimmernummer möge er sich bitte folgendermaßen errechnen: Er multipliziert die alte Zimmernummer mit 2 und subtrahiert dann 1. Ich erkläre es an drei Beispielen:

Der Gast von Zimmer 1 rechnet $2 \cdot 1 - 1 = 1$. Er bleibt also in seinem Zimmer. Der Gast von Zimmer 2 rechnet $2 \cdot 2 - 1 = 3$. Er zieht demnach um in Zimmer 3. Der Gast von Zimmer 3 errechnet sich mit $2 \cdot 3 - 1$ die neue Zimmernummer 5 usw. - Bei Bedarf benutzen Sie bitte unsere Taschenrechner in den Nachttischschubladen. Danke. Ende der Durchsage.“

Und wieder ging das Umziehen reibungslos vonstatten. Jeder der alten Gäste hatte richtig gerechnet und bekam ein Zimmer. Nach dem Umziehen waren alle Zimmer mit den ungeraden Nummern besetzt; die Zimmer mit den geraden Nummern waren frei geworden.

„Es stehen unendlich viele Zimmer zu Ihrer Verfügung“, wandte sich der Wirt an den Reiseleiter. „Alle Zimmer mit den geraden Nummern sind frei. Ich empfehle Ihnen folgende Zimmerverteilung: Jedes Mitglied Ihrer Reisegruppe erhält das Zimmer, dessen Nummer doppelt so groß ist wie die Zahl auf seinem Nummernschild. Das Reisegruppenmitglied Nr. 1 erhält Zimmernummer 2, das Reisegruppenmitglied Nr. 2 erhält Zimmernummer 4 usw.“ - Der Reisegruppenleiter hatte zum Glück schnell verstanden; und bald waren alle gut untergebracht.

Wieder hatten der Mann und die Frau etwas gelernt. Reisegruppen mit unendlich vielen Mitgliedern waren kein Problem mehr für sie.

Otto wurde lange Zeit nicht mehr gebraucht. Erst wieder an jenem 19. Juli; an jenem Tag, den keiner der Beteiligten so schnell vergessen wird.

An diesem Tag nämlich passierte folgendes: Es kamen unendlich viele Reisegesellschaften mit je unendlich vielen Mitgliedern und baten um Unterkunft!

Der Wirt hatte Mühe, die Fassung zu bewahren, als plötzlich unendlich viele Reiseleiter die Hotelhalle betraten! Er flüchtete - nach einer undeutlich gemurmelten Entschuldigung - sofort ans Telefon. Diesmal dauerte es ziemlich lange.

Da kann ich dir inzwischen die Schilder beschreiben, die die neu eingetroffenen Reisenden trugen. - Zuerst einmal musst du wissen, dass jeder der unendlich vielen Busse, d. h. jede Reisegesellschaft eine Nummer hatte: Bus Nr. 1, Bus Nr. 2 usw. Jeder Reisende nun hatte ein Schild, auf dem zwei Zahlen und ein Smiley zu sehen waren. Die erste Zahl gab an, zu welchem Bus der Reisende gehörte, die zweite Zahl war seine Nummer innerhalb seiner Gruppe. Der Reisende mit dem Schild **3☺25** gehörte also zur Reisegesellschaft Nr. 3 und hatte dort die Nummer 25.

Endlich kam der Wirt zurück. „Wenn Sie Ihren Gruppen vielleicht eine kleine Erfrischung reichen wollen“, wandte er sich, noch sichtlich verwirrt, an die Reiseleiter. „Mit der Zimmerverteilung wird es nämlich noch ein wenig dauern.“ - Und zu seiner Frau sagte er: „Otto kommt selbst. Das war diesmal zu kompliziert für mich. Er redete dauernd von Primzahlen.“

Ärgere du dich also auch nicht, wenn du den Eindruck hast, dass es jetzt auch für dich zu kompliziert wird. Dann fang' doch einfach mit dem nächsten Kapitel an, da wird es auf jeden Fall wieder leichter!

- Nach einer Weile kam Otto. Er wandte sich gleich an die schon wartenden Reiseleiter: „Wie Sie sich denken können, ist es nicht leicht gewesen, ein System für die Zimmerverteilung zu finden. Aber es ist mir gelungen!

Jeder von Ihnen wird wissen, dass es unendlich viele Primzahlen gibt. Und da wir diese Zahlen brauchen werden, habe ich eine Liste aller Primzahlen mitgebracht. Ich habe die Primzahlen nummeriert. Allerdings habe ich die erste Primzahl, die 2, nicht mitgezählt. Den Grund dafür werden Sie später erfahren. Meine Liste sieht folgendermaßen aus“ - und er hob ein riesiges Blatt Papier in die Höhe:

Nummer	1	2	3	4	5	6	7	8	9	10
Primzahl	3	5	7	11	13	17	19	23	29	31
Nummer	11	12	13	24	15	...	...	...	...	...
Primzahl						...	...	...	...	...
....										
....										

„Und jetzt brauche ich Ihre Aufmerksamkeit“, fuhr Otto fort. „Jede Reisegesellschaft bekommt nun eine Primzahl zugeordnet, und zwar nach folgendem System:

Reisegruppe 1 bekommt die 1. Primzahl meiner Liste, die 3,

Reisegruppe 2 bekommt die 2. Primzahl meiner Liste, die 5,

Reisegruppe 3 bekommt die 3. Primzahl meiner Liste, die 7 usw.

Bitte, suchen Sie sich jetzt auf der Liste Ihre Primzahl.“

Als alle Reiseleiter ihre Primzahl gefunden hatten, gab Otto weitere Erklärungen: „Nun ist alles recht einfach. Ich zeige Ihnen am besten an einem Beispiel, wie Sie die Zimmer in Ihren Gruppen verteilen. Nehmen wir die Reisegesellschaft Nr. 4. Die ihr zugeteilte Primzahl ist die 11. Der Reisende aus dieser Gruppe mit der Nummer 1 bekommt die Zimmernummer $11^1 = 11$; der Reisende aus dieser Gruppe mit der Nummer 2 bekommt die Zimmernummer $11^2 = 121$; der Reisende mit der Nummer 3 bekommt die Zimmernummer $11^3 = 1331$ usw. Entsprechendes gilt für jede Gruppe. Taschenrechner werden zur Verfügung gestellt.“

Otto machte eine Pause. Dann wandte er sich noch einmal an die Reiseleiter: „Wenn Sie noch Fragen haben, stehe ich Ihnen jederzeit gern zur Verfügung." - „Ich glaube, wir haben die Zimmerverteilung verstanden", antwortete einer der Reiseleiter. Aber eine Frage hätte ich trotzdem. Was ist mit den Gästen, die schon im Hotel sind?" - „Auch daran habe ich gedacht!" Otto war sichtlich stolz. „Den alten Hotelgästen habe ich die Primzahl 2 reserviert, sie fehlt ja auf meiner Liste. Und der Gast, der jetzt zum Beispiel in Zimmer Nr. 5 ist, bekommt als neue Zimmernummer $2^5 = 32$ usw."

Bald ging das große Um- und Einziehen los.

Sehen wir uns noch einmal an, wer welches Zimmer bekam:

Die ehemaligen Hotelgäste zogen in die Zimmer 2; 4; 8; 16; 32; 64; 128; 256; 512; 1024; ...

Die Reisegesellschaft Nr. 1 hatte die Potenzen mit der Basis 3 als Zimmernummern: 3; 9; 27; 81; 243; 729; ...

Die Reisegesellschaft Nr. 2 hatte die Potenzen mit der Basis 5 als Zimmernummern: 5; 25; 125; 625; 3125; 15625; ... usw.

Otto hatte es geschafft! Alle waren untergebracht! Aber nicht nur das! Denn stellt euch vor, was der Wirt und seine Frau abends merkten: Es waren noch unendlich viele Zimmer frei, zum Beispiel die Zimmer mit den Nummern 1; 6; 10; 12; 14; 15; ...

„Das ist doch wirklich nicht zu fassen", sagte am Abend die Frau zu ihrem Mann. „Das ist doch Zauberei - und keine Mathematik mehr!" - „Hilde, davon verstehst du nichts", antwortete der Wirt ein wenig von oben herab und wandte sich wieder seinen Abrechnungen zu. Vielleicht hätte er das besser nicht gesagt. In den nächsten Tagen nämlich war die Frau bei der Arbeit ein wenig zerstreut.

Eine Woche später rief sie Otto an: „Otto, setz dich erst einmal hin. Ich fange an, mich für Mathematik zu interessieren! Und da hätte ich noch mal eine Frage zu der letzten Zimmerverteilung.

Zuerst hatte ich mich ja gewundert, weshalb du nicht jedem Bus einfach seine eigene Nummer zugeteilt hast anstelle der Primzahlen.

Dann aber ist mir ziemlich schnell klar geworden, warum die 1 als Nummer für die 1. Reisegesellschaft nicht in Frage kommt. Denn dann wären sämtliche Mitglieder dieser Reisegesellschaft in Zimmer Nr. 1 gekommen. Weil doch gilt: $1^1 = 1$ und $1^2 = 1$ und $1^3 = 1$ usw. Und ich verstehe auch, warum die Hotelgäste die Nummer 2 bekommen haben. Du hättest ihnen ja nicht die letzte Primzahl geben können, weil es keine letzte gibt!

Aber warum konntest du nicht einfach den Hotelgästen die 2, dem Bus Nr. 1 die 3, dem Bus Nr. 2 die 4, dem Bus Nr. 3 die 5 zuteilen usw.? Warum mussten es ausgerechnet Primzahlen sein?"- „Hm", sagte Otto, der sich ziemlich über die mathematikinteressierte Hilde wunderte. „Das ist leicht erklärt. Stell dir einmal vor, was bei deinem Vorschlag zum Beispiel in Zimmer 64 losgewesen wäre. Drei Leute hätten diesen Raum beansprucht. Erstens einmal der Hotelgast aus Zimmer 6, denn $2^6 = 64$. Zweitens der Reisende aus dem zweiten Bus (Busnummer 4) mit der Gruppennummer 3, denn $4^3 = 64$. Und drittens der Reisende aus dem sechsten Bus (Busnummer 8) mit der Gruppennummer 2, denn $8^2 = 64$.

Sieh mal, wenn wir beliebige Zahlen als Grundzahlen zulassen, dann kann es passieren, dass zwei Potenzen mit verschiedenen Grundzahlen denselben Wert haben. Zum Beispiel gilt: $3^4 = 81$ und $9^2 = 81$; $6^4 = 1296$ und $36^2 = 1296$; $2^4 = 16$ und $4^2 = 16$.

So etwas ist aber nicht möglich, wenn die Grundzahlen der Potenzen Primzahlen sind. Anders ausgedrückt: Zwei Potenzen mit verschiedenen Primzahlen als Basis haben nie den gleichen Wert. Wenn du noch mehr darüber wissen willst, solltest du mal ein Buch über *Primfaktorzerlegung* lesen."

„Oh, das genügt schon, Otto." Hilde war sichtlich aufgeregt. „Ich habe verstanden, warum es Primzahlen sein müssen. - Übrigens, du weißt hoffentlich, dass wir beide dir sehr, sehr dankbar sind."

Das waren sie wirklich, der Mann und die Frau. Und wenn sie nicht gestorben sind, dann sind sie es noch heute.

3.4 Verknüpfungsspiele von Mengen

Jetzt ist es an der Zeit, dass ich von meinem ersten Besuch im Kindergarten berichte.

Ja, auch die Zahlen haben Kindergärten. Dort geht es ähnlich zu wie bei uns: dort wird gespielt und gelacht, aber auch gezankt und geweint.*

An jenem Vormittag lernten die Kleinen gerade drei neue Spiele kennen. Es handelte sich um Verknüpfungsspiele von Mengen. Diese Spiele werden bei uns oft hochtrabend als *Mengenlehre* bezeichnet. Die Kindergärtnerin, die Zahl 121 (im Zahlenland dürfen nur Quadratzahlen Kindergärtnerin werden), sagte mir dazu: „Ich versteh die Aufregung nicht, die im Menschenland wegen dieser Mengenlehre vor etlichen Jahren geherrscht hat. Diese Spiele sind so einfach, dass selbst unsere Kleinsten sie verstehen. Dazu braucht man nicht einmal rechnen zu können! Sag' deinen Schülern, sie mögen ihren Eltern folgendes ausrichten: Im Zahlenland ist Mengenlehre schon im Kindergarten dran!"

Nach diesen Ausführungen wandte sich die 121 an ihre Zahlen:

„Heute wollen wir Verknüpfungsspiele spielen. Wie ihr schon lange wisst, werden bei einem Verknüpfungsspiel für Zahlen stets zwei Zahlen durch ein Verknüpfungszeichen verbunden, durch *plus, minus, mal* oder *geteilt durch*. Das Ergebnis dieser Verknüpfung ist in den meisten Fällen eine dritte Zahl; und manchmal kann man die Verknüpfung nicht ausführen; zum Beispiel 7 : 4 oder 4 – 8.

Heute nun, und das ist etwas Neues, wollen wir **Mengen** miteinander verknüpfen. Deshalb habe ich hier schon etwas aufgebaut."

Sie zeigte in eine Ecke des Raumes. Dort lagen drei Paar Mengenklammern und ein Gleichheitszeichen.

* Wann eine Zahl Kind ist und wann sie erwachsen wird. wollten mir die Zahlen übrigens nicht verraten. Das hinge mit ihrer Fähigkeit zusammen, sich beliebig zu vervielfachen, erklärten sie. Und das sei nun mal ihr Geheimnis.

Es sah etwa so aus:

{ } { } = { }.

Die 121 fuhr fort: „Die ersten beiden Mengenklammern halten den Platz frei für die beiden Mengen, die wir miteinander verknüpfen werden. Und in der Mengenklammer rechts vom Gleichheitszeichen soll das Ergebnis stehen, bei diesen Spielen genauer gesagt *die Ergebnismenge*." - An dieser Stelle wurde die Kindergärtnerin von der 12 unterbrochen. „Da fehlt doch noch was, da fehlt doch noch was", rief diese ganz aufgeregt. „Da fehlt doch noch das Verknüpfungszeichen!" - „Da hast du aber gut aufgepasst!" lobte die 121. „Das Verknüpfungszeichen kommt wie üblich zwischen die beiden Elemente, die miteinander verknüpft werden sollen, also zwischen die ersten beiden Mengen."

Inzwischen waren einige der Kleinen schon ungeduldig geworden. „Können wir nicht endlich anfangen?" bettelten sie. Die Kindergärtnerin war einverstanden. „Gut", sagte sie, „dann zeige ich euch jetzt die Mengen, die wir heute verknüpfen werden. Ich habe zehn Mengen ausgesucht. Fünf davon sollten euch allen bekannt sein, es sind die Mengen **N**, **P**, **Qu**, **G** und **Ø.**

Aber sicherheitshalber wiederholen wir noch einmal: **N** ist" – und die Zahlen plapperten munter im Chor mit – „die Menge der natürlichen Zahlen." Auch die anderen Mengen waren offensichtlich gut bekannt. Die Zahlen rasselten es nur so herunter: „**P** ist die Menge der Primzahlen. **Qu** ist die Menge der Quadratzahlen. **G** ist die Menge der geraden Zahlen, und **Ø** ist die leere Menge."

„Sehr gut", lobte die 121. „Wir nehmen zu diesen fünf Mengen noch fünf weitere dazu, die wir für heute mit A, B, C, D und E bezeichnen:

A = {1; 2; 3; 4; 5; 6} B = {4; 5; 6; 7; 8} C = {11; 12; 16}

D = {25} E = {11; 6; 36}.

Und nun aufgepasst! Jetzt werde ich euch die Spielregeln für die drei angekündigten Spiele zu erklären." Die 121 begann:

3.4.1 Die Vereinigungsmenge

„Die leichteste Verknüpfung von zwei Mengen", begann die 121, „ist die **Vereinigung.** Zwei Mengen A und B vereinigen heißt einfach, die Elemente von A zusammen mit den Elementen von B in die Ergebnismenge stecken. Das Zeichen für die Vereinigung ist ∪.

Als Beispiele zeigte die Kindergärtnerin drei Vereinigungsmengen:

{1; 3} ∪ {4; 7; 11} = {1; 3; 4; 7; 11}

{2; 4; 6} ∪ {1; 12} = {2; 4; 6; 1; 12}

{138 000} ∪ {13} = {138 000; 13}

„Ich hab da noch eine Frage!" Die 7 war ganz aufgeregt. „Was soll ich machen, wenn ich zu beiden Mengen, zu A und zu B, gehöre? Soll ich mich dann doppelt in die Ergebnismenge stellen?" – „Das müsstest du eigentlich selber wissen", antwortete die 121. „Du brauchst nur daran zu denken, dass ein Element in einer Menge nie doppelt vorkommen darf. Du stellst dich also nur einmal in die Ergebnismenge." - Und die 121 zeigte drei weitere Beispiele:

{1; 2; 3} ∪ {2; 4; 6} = {1; 2; 3; 4; 6}

{3; 4} ∪ {3; 4; 5} = { 3; 4; 5}

{11; 27} ∪ {13; 11; 16} = {13; 11; 27; 16}

„Können wir nun endlich mit dem Spielen anfangen?" Die Zahlen wurden allmählich ungeduldig. „Gut." Die 121 war einverstanden. Und sie ergänzte: „Bei Fragen könnt ihr dies von mir angefertigte Schild zu Hilfe nehmen."

Die **Vereinigungsmenge** von zwei Mengen A und B
besteht aus allen Elementen,
die zu A oder zu B gehören.
Ein Element, das in beiden Mengen enthalten ist,
wird in der Vereinigungsmenge nur einmal aufgeführt.

„Halt, halt“, rief ich. Hier musste ich einfach unterbrechen. „An dieser Stelle haben meine Schüler immer wieder Schwierigkeiten! Sie sagen: ‚Die Vereinigungsmenge A ∪ B besteht aus allen Elementen, die zu A *und* B gehören.‘ - Sie wollen nicht einsehen, dass es heißen muss: ‚... aus allen Elementen, die zu A *oder* zu B gehören.‘ - Kannst du mir ein paar Tipps geben, wie ich meinen Schülern den Unterschied zwischen *‚und‘* und *‚oder‘* erklären kann?“ bat ich die 121.

„Das will ich gerne tun“, antwortete sie. Sie dachte einen Augenblick nach. - „Die Schwierigkeit“, begann sie nach einer Weile, „liegt meiner Meinung nach darin, dass ihr Menschen das Wort ‚und‘ oft anders gebraucht als wir. Bei uns ist das Wort ‚und‘ nur dann richtig verwendet, wenn es durch ‚und zugleich‘ ersetzt werden kann. Wenn sich die Schüler das nur einmal merken könnten! Dann müssten sie doch einsehen, dass ‚und‘ für die Beschreibung der Vereinigungsmenge nicht passt.

Nimm einmal die Mengen A = {1; 2; 3} und B = {2; 3; 4; 5}. Die Elemente, die zu A und zugleich zu B gehören, das sind die 2 und die 3. Und diese bei den Zahlen bilden sicher nicht die Vereinigungsmenge! Aber, wie schon gesagt, ihr Menschen seid oft etwas ungenau bei der Verwendung von ‚und‘.

Der Satz ‚Die Schüler der 5a und der 5b machen heute einen Wandertag‘ heißt genau genommen: Die Schüler, die in der 5 a und zugleich in der 5b sind, machen heute einen Wandertag.‘ Und das wäre ja wohl niemand!

Ein weiteres Beispiel: Bei meinem letzten Besuch im Menschenland habe ich vor einer Ampel ein Schild mit folgender Aufschrift gesehen: ‚Bei Rot und Gelb hier halten!‘

Da wäre ich bei Rot glatt durchgefahren! Ich hätte nur bei Rot *und gleichzeitig* Gelb gehalten. Das gibt es ja auch. So“, die 121 blickte auf die immer unruhiger werdenden Kleinen, „ich hoffe, das genügt für deine Schüler.“ - Das hoffe ich eigentlich auch! - Vielleicht fallen dir noch weitere Beispiele ein für ungenauen Sprachgebrauch des Wortes ‚und‘.

Nun ging es endlich los mit den Spielen. - Zunächst wurde mit folgenden fünf Mengen gespielt (du kennst sie schon von Seite 71):

A = {1; 2; 3; 4; 5; 6}, B = {4; 5; 6; 7; 8}, C = {11; 12; 16}, D = {25}
E = {11; 6; 36}.

„A ∪ B“ (A vereinigt B), rief die 121.
Und bald darauf sah es in den Mengenklammern so aus:
{1; 2; 3; 4; 5; 6} ∪ {4; 5; 6; 7; 8} = {1; 2; 3; 4; 5; 6; 8}.

„C ∪ D“, war die nächste Anweisung der 121.
Das Ergebnis war: {11; 12; 16} ∪ {25} = {11; 12; 16; 25}.

„C ∪ E“ ergab: {11; 12; 16} ∪ {11; 6; 36} = {11; 12; 16; 6; 36}.

Bei A ∪ **N** gab es in der Ergebnisklammer ein ziemliches Gedränge. Dort stand ganz **N**! Ebenso bei B ∪ **N**, C ∪ **N**, D ∪ **N** und E ∪ **N**.

„Oh, da fällt mir etwas auf", rief die 4 ganz aufgeregt. „Wenn man irgendeine Menge mit **N** vereinigt, so ist das Ergebnis immer **N**!“ - Und damit hatte sie recht.*

Eine Weile später machte die 4 eine weitere Entdeckung. Sie war heute schwer in Form! - Die 121 hatte folgende Aufgaben gestellt: A ∪ **Ø** , B ∪ **Ø**, C ∪ **Ø** usw. Die Ergebnisse hatten so ausgesehen:

{1; 2; 3; 4; 5; 6} ∪ **Ø** = {1; 2; 3; 4; 5; 6}

{4; 5; 6; 7; 8} ∪ **Ø** = {4; 5; 6; 7; 8}

{11; 12; 16} ∪ **Ø** {11; 12; 16}.

Da hatte die 4 gerufen: „Wenn man irgendeine Menge M mit der leeren Menge vereinigt, so ist das Ergebnis stets wieder die Menge M. Das ist ja auch ganz klar: da die leere Menge kein Element hat, kann zu den Elementen von M auch keins hinzukommen.“ - Und auch damit hatte die 4 recht. **

* Allerdings dürfen in M nur natürliche Zahlen sein und nicht etwa Brüche oder Minuszahlen. Aber das war für die 4 selbstverständlich.

** Diese Entdeckung der 4 gilt für jede Menge, auch wenn sie nicht nur natürliche Zahlen als Elemente hat.

Die Zahlen spielten noch lange. Nun darfst auch du mitspielen.

Übung

(18) Bilde die folgenden Vereinigungsmengen:

1) {1; 18; 12} ∪ {4; 12; 6}

2) { 3; 5; 7} ∪ {7; 8}

3) {5; 7; 4; 11; 234} ∪ **N**

4) {13; 11} ∪ **Ø**

Die Lösungen findest du auf S. 215.

3.4.2 Die Schnittmenge

Nach der Mittagspause ging es weiter mit den Spielen. Inzwischen war die 121 von der 144 (auch eine Quadratzahl) abgelöst worden. - Nun wollten die Zahlen unbedingt das zweite Spiel kennenlernen. Die 144 war damit einverstanden und begann mit der Erklärung der Spielregeln: „Unser neues Spiel ist das Bilden der **Schnittmenge.** Was es mit der Schnittmenge auf sich hat, könnt ihr hier lesen.“ Und sie deutete auf ein Schild, das die 121 ihr am Morgen gegeben hatte.

Die **Schnittmenge** von zwei Mengen A und B
besteht aus allen Elementen,
die zu A und auch zu B gehören.

„Für die Mengen A = {1; 2; 3} und B = {2; 3; 6}“, fuhr die 144 fort, besteht die Schnittmenge also aus den Zahlen 2 und 3.

Das Verknüpfungszeichen für die Schnittmenge ist ∩ . Für unser Beispiel oben gilt also: {1; 2; 3 ∩ {2; 3; 6} = {2; 3}.

Man sagt für ‚A ∩ B‘ *A geschnitten mit B* oder noch kürzer *A geschnitten B*. Die Ergebnismenge heißt *Schnittmenge von A und B* oder auch *Durchschnitt von A und B*. - Ist euch alles klar?“ - Die 144 fragte lieber vor Spielbeginn noch einmal nach. Als sie sah, dass niemand eine Frage hatte, schlug sie vor, am besten gleich mit einigen Übungen anzufangen. Und zwar sollten wieder die Mengen vom Vormittag genommen werden.

A= {1; 2; 3; 4; 5; 6}, B = {4; 5; 6; 7; 8}, C = {11; 12; 16}, D = {25} und E = {11; 6; 36}.

„A ∩ B“ (A geschnitten B), rief die 144, und schon liefen die Zahlen los. Schnell waren sie auf ihren Plätzen. In den Mengenklammern sah es so aus: {1; 2; 3; 4; 5; 6} ∩ {4; 5; 6; 7; 8} = {4; 5; 6}.

Die 144 war zufrieden und stellte die nächste Aufgabe: „A ∩ C“. Das Ergebnis war richtig: {1; 2; 3; 4; 5; 6} ∩ {11; 12; 16} = Ø. Und „C ∩ E“ ergab: {11; 22; 16} ∩ {11; 6; 36} = {11}.

D ∩ **P** (**P** für Primzahlen) ergab die leere Menge, denn 25 ist keine Primzahl. Und nach der Aufforderung „A ∩ **P**“ stand Folgendes in den Mengenklammern: {1; 2; 3; 4; 5; 6} ∩ **P** = {2; 3; 5}.

(Sei ehrlich: Hättest du daran gedacht, dass 1 keine Primzahl ist?)

Bei den folgenden fünf Schnittmengenbildungen sind den Zahlen zwei Fehler unterlaufen (falls du es vergessen hast: **Qu** ist die Menge der Quadratzahlen, und **G** und **U** sind die geraden beziehungsweise ungeraden Zahlen.)

D ∩ **P**	{25} ∩ **P** = **Ø**
E ∩ **Ø**	{11; 6; 36} ∩ **Ø** = {11; 6; 36}
A ∩ **Qu**	{1; 2; 3; 4; 5; 6} ∩ **Qu** = {1; 4; 6}
G ∩ B	**G** ∩ {4; 5; 6; 7; 8} = {4; 6; 8}
G ∩ **U**	**G** ∩ **U** = **Ø**

Übung

(19) Gib die beiden Fehler an, die bei den fünf Schnittmengen gemacht wurden.

Die Lösungen findest du auf S. 215.

„Darf ich auch einmal ein paar Aufgaben stellen?“ rief die 17 plötzlich dazwischen. „Ich glaube nämlich, dass ich etwas herausgefunden habe. Und das möchte ich den anderen zeigen!“ - „Bitte!“ Die 144 freute sich immer über eifrige Zahlen.

Die 17 stellte gleich 10 Aufgaben auf einmal. Es sollten folgende Schnittmengen angegeben werden:

A ∩ **N**; B ∩ **N**; C ∩ **N**; D ∩ **N**; E ∩ **N**;

P ∩ **N**; Qu ∩ **N**; G ∩ **N**; **N** ∩ **N** **Ø** ∩ **N**.

„Nicht so schnell, wir kommen ja gar nicht mit“, wollten die anderen Zahlen gerade rufen. Aber da merkten sie, dass sie ja nur auf die erste Menge achten mussten, die zweite war in jeder Aufgabe die Menge **N**. Kurze Zeit später sah es in den Mengenklammern so aus:

{1; 2; 3; 4; 5; 6} ∩ **N** = {1; 2; 3; 4; 5; 6}	**P ∩ N = P**
{4; 5; 6; 7; 8} ∩ **N** = {4; 5; 6; 7; 8}	**Qu ∩ N = Qu**
{11; 12; 16} ∩ **N** = {11; 12; 16}	**G ∩ N = G**
{25} ∩ **N** = {25}	**N ∩ N = N**
{11; 6; 36} ∩ **N** = {11; 6; 36}	**Ø ∩ N = Ø**

„Ich weiß es“, rief die 2. „Ich weiß, was du uns zeigen wolltest: Wenn man die Schnittmenge von irgendeiner Menge M mit der Menge **N** bildet, so erhält man als Ergebnis immer wieder die Menge M.“ - „Stimmt genau“, lobte die 144.

Ich musste zwischendurch mal eine Tasse Kaffee trinken gehen. Deshalb habe ich verpasst, was die 17 über die Schnittmenge einer beliebigen Menge M mit der leeren Menge sagte.

Übungen

(20) Vervollständige den folgenden Satz:

SATZ: Wenn man die Schnittmenge von irgendeiner Menge M mit der Menge **Ø** bildet, so erhält man als Ergebnis ________________ .

(21) Bestimme die Schnittmengen:

1) {43; 6; 23} ∩ {5; 6; 7}

2) {1; 81; 23; 64} ∩ **Qu**

3) {6; 7; 31} ∩ **N**

4) {3; 31; 89} ∩ **Ø**

5) **G** ∩ **P**

6) {67; 21; 3} ∩ **P**

Die Lösungen findest du auf S. 215.

Viele Schüler verwechseln immer wieder ∪ und ∩. Hier ein kleiner Tipp: Falls du einmal unsicher sein solltest, so denk an Folgendes: ∪ sieht ähnlich aus wie das V aus dem Wort **V**ereinigung.

3.4.3 Die Restmenge

Das dritte Verknüpfungsspiel, das die Zahlen an diesem Tag kennenlernten, war die *Restmengenbildung*.

Zur anschaulichen Erklärung der Spielregeln hatte die Kindergärtnerin eine Keksdose mitgebracht. „In dieser Dose“, begann sie, „befinden sich Waffeln, Schokoladenkekse und Zimtsterne. Wenn nun das Krümelmonster kommt und alle Schokoladenkekse verputzt, die anderen Leckereien aber nicht anrührt, dann bleiben als Rest die Waffeln und die Zimtsterne übrig. Sie sind sozusagen die Restmenge. Das ist doch einleuchtend, oder?“ - Die Zahlen nickten verständnisvoll und warfen dabei hungrige Blicke auf die Keksdose.

„Genauso“ fuhr die 169 fort (sie hatte die 144 abgelöst), „wird die Restmenge von Zahlenmengen gebildet. Genaueres könnt ihr auf diesem Schild lesen:

> Die **Restmenge** von zwei Zahlenmengen A und B
> ist die Menge, die übrigbleibt,
> wenn von den Zahlen von A
> die Zahlen weggenommen werden,
> die auch zu B gehören.

Für die Mengen A = {1; 2; 3; 4} und B = {3; 4} besteht die Restmenge aus den Zahlen 1 und 2.

Das Verknüpfungszeichen für die Restmengenbildung ist \ , ein Schrägstrich von oben links nach unten rechts. Das heißt für unser Beispiel: {1; 2; 3; 4} \ {3; 4} = {1; 2}.

Für **A \ B** sagt man ‚A ohne B‘.

Die 169 machte eine Pause. Als keine Fragen kamen, schlug sie vor, mit dem Spielen zu beginnen. - Aber vorher durfte sich jede Zahl noch einen Keks nehmen. .

Bei den ersten sechs Aufgaben gab es keine Schwierigkeiten. Folgendes stand nach kurzer Zeit richtig in den Mengenklammern:

1) {3; 5; 7} \ {3; 7} = {5}

2) {3; 2; 1} \ {1} = {3; 2}

3) {13; 17} \ {13; 17} = **Ø**

4) {1; 22; 11} \ {22: 11} = {1}

5) {1; 22; 11} \ **Ø** = {1; 22; 11}

6) **N** \ **G** = **U**

Aber bei der 7. Aufgabe entstand eine ziemliche Unruhe. Diese Aufgabe lautete: 7) {1; 2; 3; 4; 5} \ {5; 6; 7} = ….. .

„Das geht doch gar nicht!“ - „Die 6 und die 7 müssen raus aus der zweiten Menge.“ - „Oder die 6 und die 7 müssen noch zu der ersten

Menge dazukommen!“ - Die Zahlen riefen so aufgeregt durcheinander, dass die 169 Mühe hatte, Ruhe herzustellen. - Als sie es endlich geschafft hatte, sagte sie: „Die 6 und die 7 in der zweiten Menge brauchen euch gar nicht zu stören. Ihr nehmt nach wie vor aus A diejenigen Elemente weg, die auch zu B gehören. Und das ist in der Aufgabe, um die es gerade geht, nur die 5. Es gilt also:

$\{1; 2; 3; 4; 5\} \setminus \{5; 6; 7\} = \{1; 2; 3\}$.

Auf dem Schild hätte auch stehen können:

Die **Restmenge** von zwei Mengen A und B besteht aus den Zahlen von A, die nicht zu B gehören.

Oder: Die **Restmenge** von zwei Mengen A und B besteht aus den Zahlen, die zu A, aber nicht zu B gehören.“

Die Zahlen hatten schnell verstanden. Schon ging das Spielen weiter. Und nun darfst auch du mitspielen:

Übung

(22) Bestimme folgende Restmengen:

1) $\{10; 11; 23\} \setminus \{1; 23\}$ =

2) $\{3; 12; 1\} \setminus \{1\}$ =

3) $\{4; 7; 8\} \setminus$ **N** =

4) $\{3; 4\} \setminus \{5: 6; 7\}$ =

5) $\{17; 18; 19\} \setminus \{18; 20; 24\}$ =

6) $\{18; 20; 24\} \setminus \{17; 18; 19\}$ =

Die Lösungen findest du auf S. 216.

„Stopp“, rief die 7 plötzlich dazwischen. „Ich habe etwas gemerkt. Die Restmengenbildung hat eine Eigenschaft, die die beiden anderen Mengenverknüpfungen nicht haben. Ratet mal, was ich meine! Ich gebe euch noch einen Tipp: Seht euch mal die letzten beiden Aufgaben von Übung (22) an!“

Stille herrschte. Endlich meldete sich die 20 zu Wort:

„Ich glaube“, wandte sie sich an die 7, „ich weiß, was du meinst: Bei der Restmengenbildung ändert sich das Ergebnis, wenn die erste und die zweite Menge vertauscht werden! Bei den beiden anderen Verknüpfungen ist das nicht der Fall." - Genau das hatte die 7 gemeint.

Merke dir: A \ B: ist nicht dasselbe wie B \ A.

Nach einer Weile fragte die 17: „Darf *ich* jetzt ein paar Aufgaben stellen? Auch mir ist nämlich etwas aufgefallen. Und das sollen die anderen herausfinden.“ - „Gerne.“ - Alle warteten gespannt.

Die ersten vier Aufgaben der 17 waren die folgenden:

{2; 4; 5} \ **Ø**, {4; 7} \ **Ø**, **N** \ **Ø**, {134; 7859; 3} \ **Ø**.

Weiter kam die 17 nicht; denn sie wurde von der 12 unterbrochen. „Ich weiß, ich weiß!“ schrie diese. „Dir und jetzt auch mir ist folgendes aufgefallen: Für jede Menge M gilt: M \ **Ø** = M.“ - Und die 12 gab sogar noch eine Erklärung für ihre Beobachtung: „Wenn von einer Zahlenmenge M keine Zahl weggenommen wird - die leere Menge hat ja kein Element -, dann bleibt diese Menge natürlich vollständig erhalten.“ - Das leuchtete allen ein. Und sofort fingen sie an, ein neues Schild herzustellen. Es sah so aus:

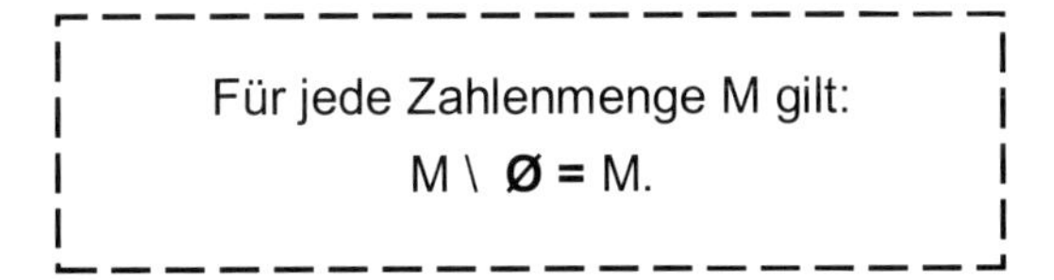

Die Zahlen hatten so eifrig gespielt, dass sie gar nicht gemerkt hatten, wie die Zeit vergangen war. Inzwischen war der Kindergartentag zu Ende - und die Keksdose restlos leer! - Und die Mütter warteten schon vor der Tür.

Falls du aber trotzdem noch weiterspielen möchtest, bearbeite die nächste Übung.

Übung

(23) Gib für die Mengen A und B jeweils die Vereinigungsmenge, die Schnittmenge und die Restmenge A \ B an:

	A	**B**	**A ∪ B**	**A ∩ B**	**A \ B**
1	{1; 2; 7}	{2; 3; 4}			
2	{12; 13}	{1; 2; 15}			
3	**N**	**U**			
4	{6; 7; 8}	**N**			
5	{4; 6; 8}	{4; 6; 8}			
6	{217}	{1; 5; 67}			
7	**G**	**U**			
8	{2; 3; 5}	**P**			
9	{11;2;3}	{3;4;55}			
10	{43; 17}	**Ø**			
11	**Ø**	{43; 17}			
12	{3; 4; 9}	{3; 4; 7}			
13	{3; 4; 7}	{3; 4; 9}			

Die Lösungen findest du auf S.216.

3.4.4 Ein Spielabend

Eines Morgens bekam ich Besuch von der 13. „Weißt du, welches Datum heute ist?“ fragte sie schon an der Tür. „Klar“, antwortete ich, „der 28. Juli.“ - „Und weißt du auch, welcher besondere Tag der 28. Juli ist?“ fragte sie weiter. „Allerdings! Heute hat mein Neffe Georg Geburtstag. Ich hoffe, dass mein Geburtstagsbrief rechtzeitig angekommen ist. Ich habe Georg ausführlich von euch berichtet und ihm sieben Denksportaufgaben geschickt. Die mag er nämlich so gern.“ - „Wenn das so ist, dann verstehe ich nicht, warum du deinen Neffen nicht mitgebracht hast ins Mathematikland“ , meinte die 13, und ihre Stimme klang fast ein wenig vorwurfsvoll. Da erklärte ich ihr, dass Georg zurzeit keine Ferien hätte, weil er in Nordrhein--Westfalen wohne und nicht in Hamburg wie ich. - „Schade, schade“, unterbrach mich die 13. „Es hätte ihm sicher gefallen bei uns. Und heute Abend hätte er mitkommen können zum Spielabend. Dazu wollte ich dich nämlich einladen.“ - Und sie ergänzte: „Heute Abend werden im ganzen Land Mengenverknüpfungsspiele gespielt. Weil heute vor vielen Jahren, an einem 28. Juli, die Verknüpfungszeichen $\cup$, $\cap$ und $\setminus$ erfunden wurden. Komm bitte gleich nach dem Abendbrot.“ - Und schon war die 13 wieder draußen.

Von den vielen Spielen, die ich an jenem Abend kennenlernte, möchte ich dir die beiden vorstellen, dir mir am besten gefallen haben.

1. Mengenquintett

Sicher hast du schon einmal Quartett gespielt und weißt, dass es das Ziel dieses Spiels ist, durch Befragen der Mitspieler möglichst viele vollständige Quartette (das sind vier zusammengehörende Karten) zu bekommen.

Die gleichen Spielregeln gelten für das Mengen-Quintett-Spiel der Zahlen. Der einzige Unterschied ist der, dass ein Quintett aus fünf Karten besteht.

Zum Beispiel bilden folgende fünf Karten ein Quintett:

A	**B**
{1; 2; 3}	{ 2; 3; 7; 8}

{1; 2; 3; 7; 8}

{2}

{1}

{7; 8}

Siehst du, weshalb diese fünf Karten zusammengehören?

Ich verrate dir folgendes: Auf der ersten Karte stehen zwei beliebige Mengen A und B. Die Mengen auf den restlichen vier Karten sind Ergebnisse bei Mengenverknüpfungen von A und B. Aber welche? -

Nun, hast du herausgefunden, dass es sich um folgende Verknüpfungen handelt: $A \cup B$, $A \cap B$, $A \setminus B$ und $B \setminus A$?

Diese Verknüpfungen sind oben auf den entsprechenden Karten angegeben. Außerdem sind die einzelnen Quintette eines Spiels nummeriert; die jeweilige Nummer steht in der rechten oberen Ecke jeder Karte.

Unser Quintett könnte also etwa so aussehen:

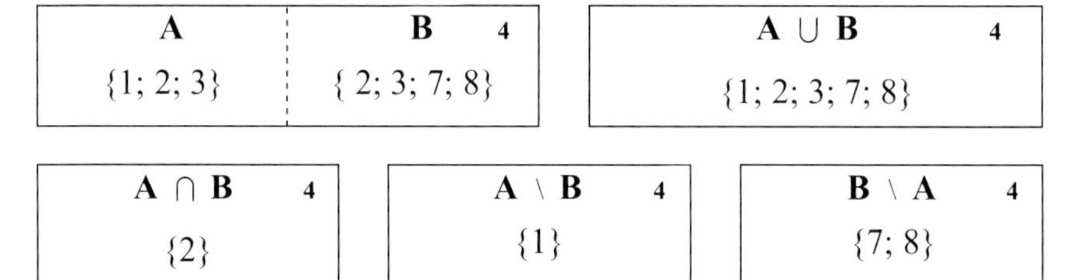

Wie du dir vielleicht auch schon überlegt hast, ist die **[A | B]**-Karte die wichtigste Karte des Quintetts. Wenn man sie hat, kann man die restlichen vier Karten erfragen. Wohingegen die Karte **[A \ B]** allein zum Beispiel einem Spieler überhaupt nicht weiterhilft.

So fand ich es auch gerecht, dass die Zahlen zu Beginn jeden Spiels zuerst die **[A | B]**-Karten verteilten und dann die restlichen Karten. An jenem Abend spielten wir zu viert. Und da jedes Quintett-Spiel aus 12 Quintetten besteht, bekam jeder der Mitspieler drei **[A | B]**-Karten und zwölf andere.

Anfangs hatte ich ziemliches Glück. Mein erstes Quintett konnte ich mit nur zwei Fragen vervollständigen. Als mir dann für das zweite Quintett nur noch eine Karte fehlte, kamen mir plötzlich Zweifel an dem Sinn dieses Spieles. Musste nicht zwangsläufig jede Zahl am Ende drei Quintette haben?

Die drei, deren **[A | B]**-Karten sie von Anfang an besaß?

Dann wäre das Quintett-Spiel eigentlich doch recht langweilig. Dachte ich. Aber nicht sehr lange. Denn plötzlich war ich eine meiner **[A | B]**-Karten los! Die 17 hatte mich einfach nach der Karte

A	**B** 5
{1; 4; 8}	{ 2; 4; 7}

gefragt und sich primzahlenmäßig über mein dummes Gesicht gefreut. - Konnte sie hellsehen? Oder hatte sie mir in die Karten geguckt? - Keins von beidem! Sie hatte kombiniert! Allerdings hatte sie dazu auch drei Karten vom Quintett Nr. 5 gebraucht. Sie war im Besitz folgender Karten gewesen:

A ∩ B 5	**A \ B** 5	**B \ A** 5
{4}	{1; 8}	{2; 7}

Übrigens kannst du jetzt sehen, wozu die Zahlen oben rechts auf den Karten gut sind: Sie zeigen an, welche Karten zusammengehören.

Nun, die 17 hatte folgendermaßen kombiniert:

1) A \ B = {1; 8}, also enthält A die Zahlen 1 und 8, B aber nicht.
2) B \ A = {2; 7}, also enthält B die Zahlen 2 und 7, A aber nicht.
3) A ∩ B = {4}, also gehört die 4 zusätzlich zu beiden Mengen.

Und deshalb gilt: A = {1; 4; 8} und B = {2; 4; 7}.

Ich staunte - und hatte etwas dazu gelernt: Man kann seine **[A | B]**-Karten auch an einen geschickten Mitspieler abgeben müssen. Nun erst machte das Spiel mir so richtig Spaß! Und besonders stolz war ich, als es auch mir gelang, eine **[A | B]**-Karte zu erfragen.

Die Zahlen sahen wohl, dass ich auf dem besten Wege war, eine begeisterte Quintett-Spielerin zu werden. Und ich freute mich, als die 17 mir am Ende des Spielabends eins der zahlreich vorhandenen Kartenpäckchen schenkte. Sie überreichte es mir mit den Worten: „Wundere dich nicht darüber, dass auf diesen Karten nur einige der Mengen angegeben sind. Bevor du das Spiel benutzen kannst, musst du die Quintette vervollständigen.“ Das könntest du für mich tun!

Übung

(24) Vervollständige die 12 Mengenquintette:

A	**B** 1	**A ∪ B** 1
{2; 4; 1}	{ 3; 7}	

A ∩ B 1	**A \ B** 1	**B \ A** 1

A	**B** 2	**A ∪ B** 2
{2; 3: 4; 5}	{ 4; 5; 6; 7}	

A ∩ B 2	**A \ B** 2	**B \ A** 2

A	**B** 3	**A ∪ B** 3
{4; 8: 9}	{ 2; 4; 8; 9}	

A ∩ B 3	**A \ B** 3	**B \ A** 3

A	**B** 4	**A ∪ B** 4
{1: 4; 11}	{ 2; 3; 5}	

A ∩ B 4	**A \ B** 4	**B \ A** 4

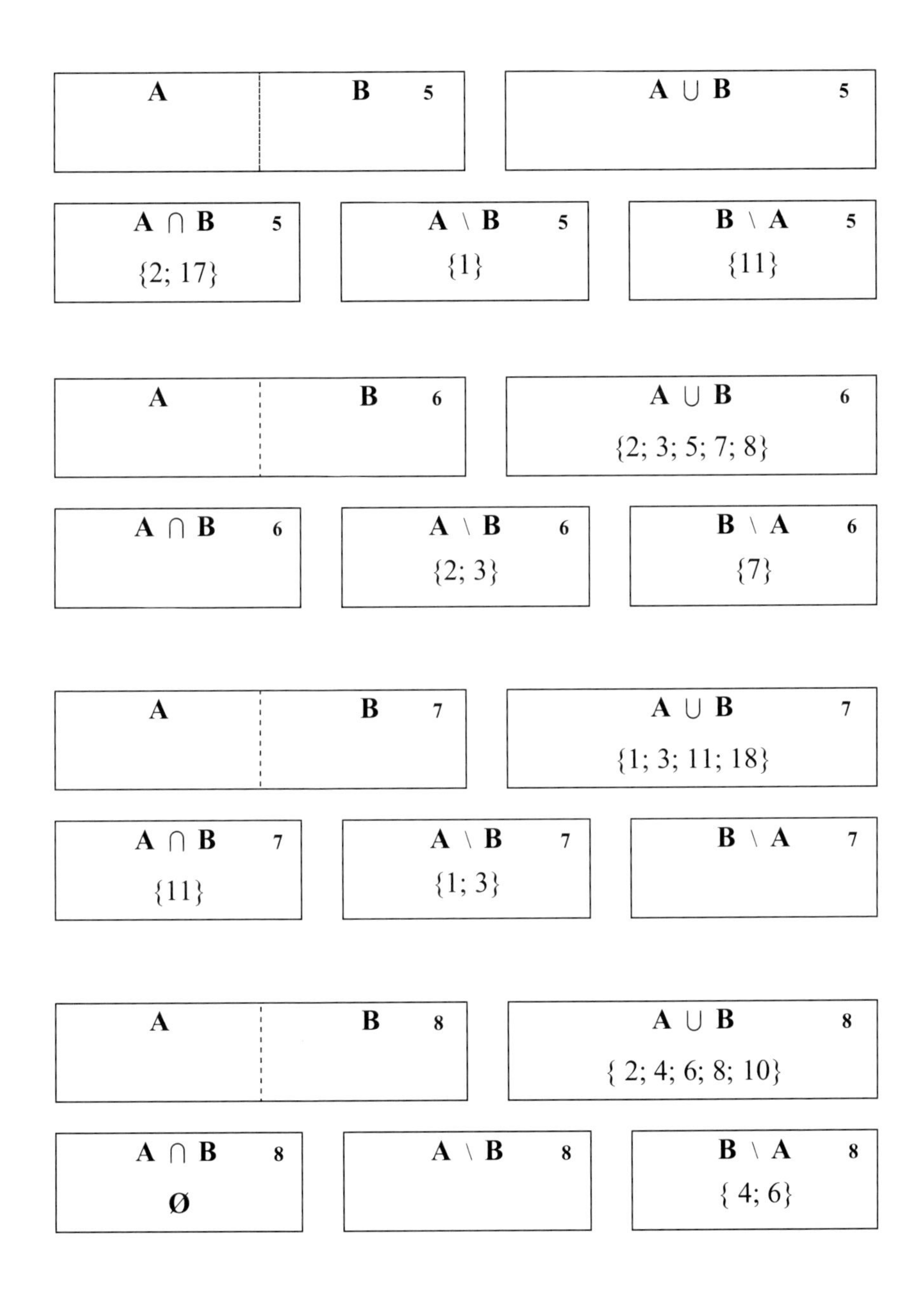
A
B 5
A ∪ B 5
A ∩ B 5
{2; 17}
A \ B 5
{1}
B \ A 5
{11}
A
B 6
A ∪ B 6
{2; 3; 5; 7; 8}
A ∩ B 6
A \ B 6
{2; 3}
B \ A 6
{7}
A
B 7
A ∪ B 7
{1; 3; 11; 18}
A ∩ B 7
{11}
A \ B 7
{1; 3}
B \ A 7
A
B 8
A ∪ B 8
{ 2; 4; 6; 8; 10}
A ∩ B 8
Ø
A \ B 8
B \ A 8
{ 4; 6}

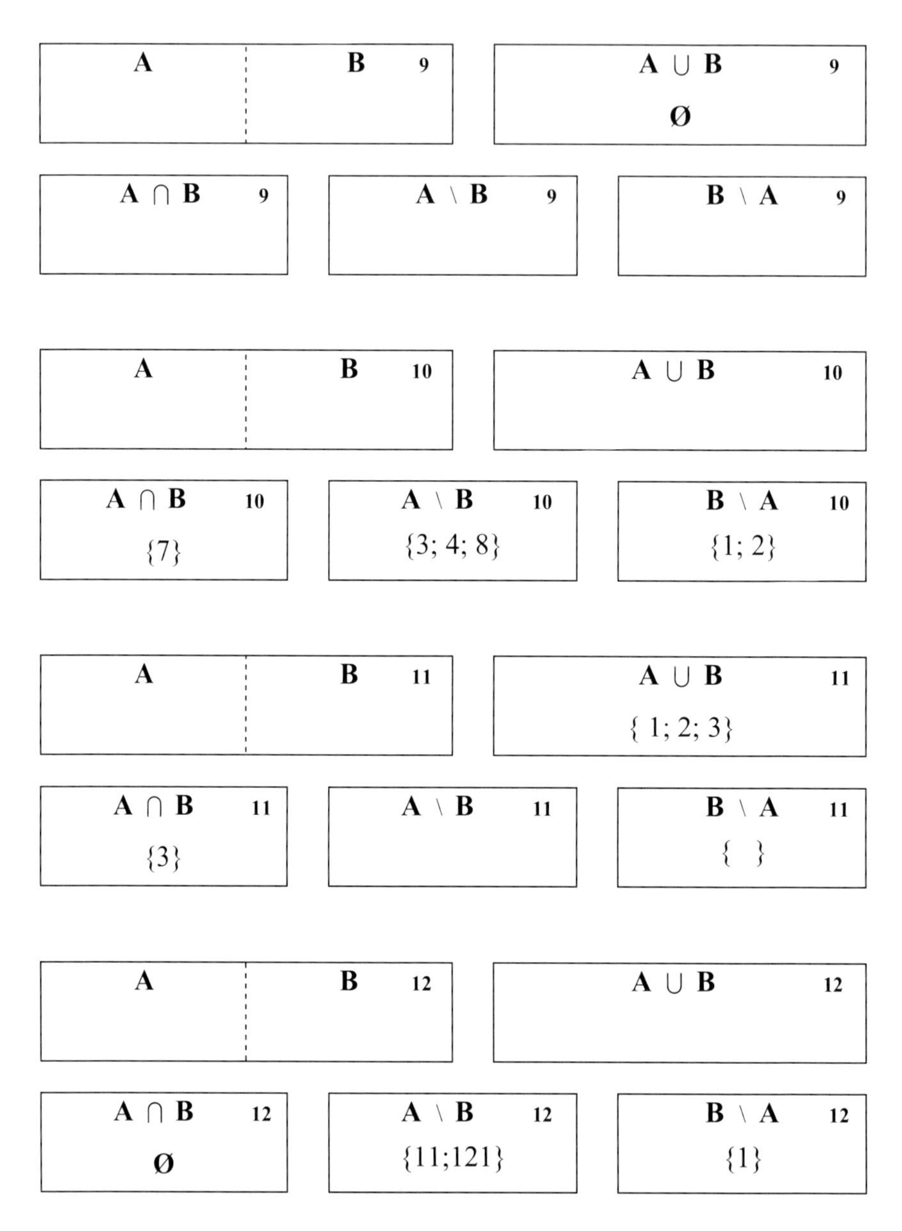

Die Lösungen findest du auf S. 217ff.

2. Menge-Menge-ändre-dich

Die meiste Zeit des Abends haben wir *Menge-Menge-ändre-dich* gespielt. Ich denke, dass dieses Spiel deshalb so beliebt ist, weil beliebig viele Zahlen mitspielen können, anders als zum Beispiel beim Quintett-Spiel. - Und im Laufe des Abends waren immer mehr Zahlen bei der 13 erschienen.

Zu Beginn des Spiels erhielt jeder Mitspieler einen Zettel mit einer sechsspaltigen Tabelle:

A	**B**	**A ∪ B**	**A ∩ B**	**A \ B**	**B \ A**

Ehe ich mich nach den Spielregeln erkundigen konnte, rief die 23:

„Erste Runde! A = {1; 2; 4; 7}, B = {2; 7; 8; 11}."

Sofort fingen wir alle mit dem Ausfüllen der Tabelle an. Ich schrieb so schnell ich konnte, weil ich doch so furchtbar gern einmal gewinnen wollte. Und ich schaffte es auch, als erste fertig zu sein. Wie enttäuscht war ich, als ich sah, dass meine Leistung von niemandem beachtet wurde

Hier kam es offensichtlich auf Schnelligkeit gar nicht an! Und das Ausfüllen der Tabelle gehörte noch gar nicht zum eigentlichen Spiel, wie ich gleich darauf erfuhr. Der 23 war nämlich inzwischen eingefallen, dass ich die Regeln von *Menge-Menge-ändre-dich* ja noch gar nicht kannte! Und so erklärte sie mir: „Bei jeder Runde darf einer der Mitspieler eine der sechs Mengen verändern, und zwar entweder durch Hinzufügen oder durch Wegnehmen einer Zahl. Wenn er die von ihm erwünschte Veränderung bekanntgegeben hat, müssen alle Mitspieler ihre Tabelle so abändern, dass sie wieder in Ordnung ist. Wenn zum Beispiel zur Vereinigungsmenge eine Zahl hinzugefügt wird, muss diese Zahl bei einer der Mengen A oder B neu erscheinen und auch bei einer der Mengen A \ B oder B \ A.

Allerdings gilt die Regel, dass nur so wenige Veränderungen wir möglich vorgenommen werden dürfen.

Sieger ist, wer als erster eine richtige, zulässige Änderung seiner Tabelle vorweist. Er bekommt einen Spielpunkt, und die nächste Runde kann beginnen."

Die 23 sah es mir wohl an, dass ich mich noch nicht sehr sicher fühlte mit diesen Spielregeln. Deshalb ergänzte sie ihre Ausführungen noch ein wenig. „Nimm als Beispiel diese Mengen", sagte sie und füllte folgende Tabelle aus:

A	**B**	**A ∪ B**	**A ∩ B**	**A \ B**	**B \ A**
{1;2;3;4}	{3;4,11}	{1;2;3;4:11}	{3;4}	{1;2}	{11}

Wenn aus **A ∩ B** die 3 herausgenommen wird, so könnte das zu folgenden Tabellenänderungen führen:

A	**B**	**A ∪ B**	**A ∩ B**	**A \ B**	**B \ A**
{1;2;4}	{4,11}	{1;2;4:11}	{4}	{1;2}	{11}

oder

A	**B**	**A ∪ B**	**A ∩ B**	**A \ B**	**B \ A**
{1;2;4}	{3;4,11}	{1;2;3;4:11}	{4}	{1;2}	{3;11}

oder

A	**B**	**A ∪ B**	**A ∩ B**	**A \ B**	**B \ A**
{1;2;3;4}	{4,11}	{1;2;3;4:11}	{4}	{1;2;3}	{11}

Im ersten Fall werden insgesamt vier, in den letzten beiden Fällen nur drei Mengen verändert. Deshalb ist die erste Tabellenänderung nicht zulässig, die beiden anderen sind es."

Nun hatte ich begriffen. Wir fingen an und spielten und spielten. Ich wurde sogar 3. Sieger!

Übung

(25) Für fünf Tabellen ist je eine Mengenänderung vorgegeben. Ändere die Tabellen nach den gegebenen Regeln ab.

Tabelle 1:

A	**B**	**A ∪ B**	**A ∩ B**	**A \ B**	**B \ A**
{2;3;4}	{3;7}	{2;3;4;7}	{3}	{2;4}	{7}

Änderung: Die 4 wird der Menge **A ∩ B** hinzugefügt

Tabelle 2:

A	**B**	**A ∪ B**	**A ∩ B**	**A \ B**	**B \ A**
{1;7}	{2;4}	{1;7;2;4}	{ }	{1;7}	{2;4}

Änderung: Die 3 wird der Menge **A ∪ B** hinzugefügt

Tabelle 3:

A	**B**	**A ∪ B**	**A ∩ B**	**A \ B**	**B \ A**
{3;5;19}	{5;6}	{3;5;19;6}	{5}	{3;19}	{6}

Änderung: Die 5 wird aus der Menge **A ∪ B** entfernt.

Tabelle 4:

A	**B**	**A ∪ B**	**A ∩ B**	**A \ B**	**B \ A**
{1;3;11}	{2;11}	{1;2;3;11}	{11}	{1;3}	{2}

Änderung: Die 1 wird aus der Menge **A \ B** entfernt.

Tabelle 5:

A	**B**	**A ∪ B**	**A ∩ B**	**A \ B**	**B \ A**
{1;2}	{1;2}	{1;2}	{1;2}	{ }	{ }

Änderung: Die 2 wird aus der Menge **A ∩ B** entfernt.

Mögliche Tabellenänderungen findest du auf S. 220.

Kapitel 4: Bezeichnungen, Behauptungen und Spielregeln - Definitionen, Sätze und Gesetze

Ich hoffe, du bist gut ausgeschlafen und hast einen klaren Kopf! Dann kannst du mit dem folgenden Kapitel anfangen. Einen klaren Kopf brauchst du deshalb, weil es im nächsten Kapitel um zwei sehr wichtige Begriffe in der Mathematik geht. Es geht um **Definitionen** und **Sätze.** Und ich hoffe außerdem, dass du am Ende dieses Kapitels genau weißt, wann die Zahlen oder die Mathematiker von einer Definition sprechen und wann von einem Satz.

Fangen wir mit den Definitionen an!

4.1 Bezeichnungen - Definitionen

Irgendwann einmal ist jemand auf die Idee gekommen, ein Fahrrad zu bauen, auf dem zwei Leute fahren können, ein Fahrrad mit zwei Lenkern, zwei Sätteln und zwei Paar Pedalen. Dieses Fahrrad gefiel vielen, es wurde von vielen nachgebaut. - Und irgendwann fand man es zu umständlich, jedes Mal *ein Fahrrad mit zwei Lenkern, zwei Sätteln und zwei Paar Pedalen* zu sagen. Da erfand jemand für dieses Fahrzeug den Namen *Tandem.*

Eine solche Namensgebung heißt in der Mathematik **Definition.** Du kennst viele, viele solcher Namensgebungen oder Definitionen, auch außerhalb der Mathematik.

Zum Beispiel: Die Schuhe, die man zum Turnen anzieht, heißen **Turnschuhe.** Das ist eine Definition.

Oder: Ein Bonbon, der auf einen Holzstab aufgespießt ist, heißt **Lolly** oder **Dauerlutscher.** Das ist auch eine Definition.

Ein drittes Beispiel für eine Definition ist: Eine Schultasche, die man auf dem Rücken trägt, heißt **Ranzen.**

Wenn du ein Wort hörst, das du nicht kennst, kannst du in einem Buch nachsehen, in dem viele Wörter erklärt werden. Ein solches Buch heißt **Lexikon.** (Hast du gemerkt, dass der letzte Satz auch wieder eine Definition war?) Ein Lexikon ist also ein Buch voller Definitionen. - Auch Zahlen haben ein Lexikon. Es heißt bei ihnen *Buch der Definitionen*. Es ist sehr, sehr dick - und schon sehr abgenutzt. Es wird nämlich oft gebraucht.

Erinnerst du dich an die Geschichte von der Königswahl auf S. 16? Dort wusste die 121 nicht, was eine Quadratzahl ist. Die 36 hat es ihr dann erklärt. Sie hätte genauso gut sagen können: ‚Sieh' doch im *Buch der Definitionen* nach!'

Das *Buch der Definitionen* ist sehr dick und wird ständig dicker. Jedes Jahr nämlich werden neue Definitionen aufgenommen. Jede Zahl darf neue Definitionen vorschlagen, es müssen nur bestimmte Bedingungen erfüllt sein. Doch davon später.

Sicher wartest du schon gespannt auf Beispiele mathematischer Definitionen. Da kann ich nur sagen: Du kennst schon etliche aus den ersten drei Kapiteln dieses Buches. Nur hast du bisher vielleicht noch nicht gewusst, dass es Definitionen sind!

Jetzt gibt es zwei Möglichkeiten für dich:

1. Möglichkeit:

Du gehst selbst auf Definitionen-Suche (falls dein Berufsziel Detektiv ist!). Das heißt, du suchst die Definitionen der ersten drei Kapitel heraus.
Falls du dich für diese Möglichkeit entscheidest, lies die folgenden Anmerkungen:

1. Diese Aufgabe ist nicht leicht. Es genügt schon, wenn du die definierten Begriffe heraussuchst und nicht die ganze Definition.
2. Es können auch Zeichen erklärt bzw. definiert werden (zum Beispiel die Zeichen $<$ und $>$ auf Seite 13).
3. Ich habe insgesamt 15 Definitionen gefunden - und zwar auf folgenden Seiten (die Zahl in der Klammer gibt die Anzahl der Definitionen auf der jeweiligen Seite an):
   S.13 (2), S.15 (1), S.16 (2), S.21 (1), S.29 (1), S.50 (1), S.51 (2), S.54 (2), S.72 (1), S.75 (1), S.79 (1).

Es kann sein, dass du mehr Definitionen gefunden hast als ich. Das liegt daran, dass ich einige Begriffe ausgelassen habe, zum Beispiel *Ziffer* und *unendlich viele*. Hier ist eine exakte Definition nämlich sehr schwierig.

Zweite Möglichkeit:

Du liest gleich weiter und schaust dir an, welche Definitionen ich aus den ersten drei Kapiteln herausgesucht habe.

Auch dazu eine Anmerkung: Ich habe die Definitionen neu formuliert. Ich habe bei allen das Wort *heißt* benutzt. Dadurch wird deutlich, dass eine Definition eine Bezeichnung, eine Namensgebung ist.

Def.	Seite	Definition
Def. 1	S. 13	**2 < 5** heißt: 2 steht weiter links auf dem Zahlenstrahl als 5. (Hier wird das Zeichen < definiert)
Def. 2	S. 13	**5 > 1** heißt: 5 steht weiter rechts auf dem Zahlenstrahl als 1.
Def. 3	S. 15	Eine Zahl, die aus drei Ziffern besteht, heißt **3-stellig**, eine Zahl, die aus 4 Ziffern besteht, heißt **4-stellig** usw.
Def. 4	S. 16	Eine Zahl, die entsteht, wenn eine Zahl mit sich selbst malgenommen wird, heißt **Quadratzahl**.
Def. 5	S. 16	Eine Zahl, die genau zwei Teiler hat, heißt **Primzahl**.
Def. 6	S. 21	Ein Ausdruck, der nur aus Zahlen und den Zeichen + · – **:** besteht, heißt **Term**.
Def. 7	S. 29	Im Term 2^5 heißt die Zahl 2 **Grundzahl** oder **Basis**, die 5 heißt **Hochzahl** oder **Exponent**. Der gesamte Term 2^5 heißt **Potenz**.
Def. 8	S. 50	Eine Zahl, die sich als Potenz mit der Hochzahl 3 schreiben lässt, heißt **Kubikzahl**.
Def. 9	S. 51	Eine Zahl, die sich ohne Rest durch 2 teilen lässt, heißt **gerade Zahl**.
Def. 10	S. 51	Eine Zahl, die sich nicht ohne Rest durch 2 teilen lässt, heißt **ungerade Zahl**.
Def. 11	S. 54	**3 | 21** (3 ist **Teiler** von 21) heißt: 21 lässt sich ohne Rest durch 3 teilen.
Def. 12	S. 54	**3 ∤ 20** (3 ist **kein Teiler** von 20) heißt: 20 lässt sich nicht ohne Rest durch 3 teilen.

Def. 13	S. 72	Für zwei Mengen A und B heißt die Menge aller Elemente, die zu A oder zu B gehören, **Vereinigungsmenge** von A und B.
Def. 14	S. 75	Für zwei Mengen A und B heißt die Menge aller Elemente, die zu A und auch zu B gehören, **Schnittmenge** von A und B.
Def. 15	S. 79	Für zwei Mengen A und B heißt die Menge aller Elemente, die zu A , aber nicht zu B gehören, **Restmenge** von A und B.

Sieh dir einmal die Definitionen 6 und 7 an. Das Wort *Term* wird in Definition 6 definiert, in Definition 7 wird es als bekannt vorausgesetzt. Man muss also Definition 6 kennen, um Definition 7 verstehen zu können. Das gleiche gilt für die Definitionen 7 und 8. *Potenz* und *Hochzahl* werden in Definition 7 definiert, in Definition 8 als bekannt vorausgesetzt.

Mit Hilfe von Definition 7 hätte der Begriff *Quadratzahl* (Definition 4) auch anders definiert werden können: Eine Zahl, die sich als Potenz mit der Hochzahl 2 schreiben lässt, heißt *Quadratzahl.*

Diese Definition, die mir eigentlich besser gefällt als Definition 4, hätte ich auf S. 16 noch nicht formulieren können, da du damals die Begriffe *Potenz* und *Hochzahl* wahrscheinlich noch nicht kanntest.

Sieh noch einmal auf die Definition 7. Im letzten Satz heißt es: ‚Die Zahl 5 im Term 2^5 heißt *Hochzahl* oder *Exponent*. Es ist also möglich, für einen Begriff mehrere Bezeichnungen zu haben; *Exponent* und *Hochzahl* bedeuten dasselbe (*Exponent* ist ein Fremdwort, *Hochzahl* ist das deutsche Wort dafür). - Entsprechendes gilt für *Basis* und *Grundzahl*. - Nun, etwas Ähnliches gibt es bei uns Menschen ja auch. Auch bei uns kann ein Mensch mehrere Vornamen haben. Vielleicht heißt du ja zufällig Gerd Otto Ludwig und kannst das bestätigen.

Jetzt wirst du sicher fragen, ob auch das Umgekehrte möglich ist, ob in der Mathematik zwei verschiedene Begriffe mit demselben Namen bezeichnet werden können. Das ist bei uns Menschen ja erlaubt; zwei verschiedene Mädchen dürfen ohne weiteres beide Bettina heißen. Aber in der Mathematik geht so etwas nicht.

Und damit sind wir schon bei den Bedingungen, die eine Definition erfüllen muss. Wie schon erwähnt, werden im Zahlenland jährlich einmal neue Definitionen in das *Buch der Definitionen* aufgenommen. Jede Zahl darf Vorschläge einreichen. Eine Kommission prüft diese dann jedes Jahr im Dezember.

Sie prüft bei jedem Vorschlag,

- ob es die vorgeschlagene neue Bezeichnung auch noch nicht gibt und
- ob sie sinnvoll und nicht irreführend ist.

Folgende Definitionen würden sicher nicht ins *Buch der Definitionen* aufgenommen werden:

„Eine Zahl, deren letzte Ziffer 7 ist, heißt **Kubikzahl.**" und
„Eine Figur mit sieben Ecken heißt **Zwölf-Eck**".

Denn der Begriff *Kubikzahl* hat schon eine andere Bedeutung. Und ein *Zwölf-Eck* sollte sinnvollerweise eine Figur mit zwölf Ecken sein!

Merke:

Eine Definition kann nicht richtig oder falsch sein,
nur sinnvoll oder irreführend.

Folgende Definitionen sind im Land der Zahlen nicht bekannt, wären aber sicher erlaubt:

Def. a: Eine Zahl heißt **umkehrbar**, wenn sie von vorn und von hinten gelesen dieselbe Zahl ergibt.

Nach dieser Definition wären zum Beispiel folgende Zahlen umkehrbar: 131; 24542; 1441; 8; 71717.

Def. b: Eine Zahl heißt **wachsend**, wenn die Ziffern von links nach rechts immer größer werden.
Nach dieser Definition wären zum Beispiel folgende Zahlen wachsend: 125; 24568; 189.

Def. c: Zwei Zahlen heißen **anfangsgleich,** wenn ihre Anfangsziffern übereinstimmen.
Nach dieser Definition wären zum Beispiel folgende Zahlen anfangsgleich: 17 und 165; 14 und 11; 5 und 5678.

Def. d: Zwei Zahlen heißen **ähnlich**, wenn sie sich nur in einer Ziffer Unterscheiden.
Nach dieser Definition wären zum Beispiel folgende Zahlenpaare ähnlich: 117 und 137; 412 und 312; 8 und 4.

Aber aufgepasst! Du darfst nicht voraussetzen, dass jemand, der dieses Buch nicht gelesen hat, die Definitionen a) bis d) kennt. Die habe ich mir - nur für dich! - ausgedacht; sie sind in der Mathematik sonst nicht üblich.

Die Definitionen 1 bis 15 auf Seite 95/96 dagegen sind in der Mathematik allgemein bekannt. Allerdings sind einige von ihnen in der Formulierung noch etwas ungenau, mathematisch gesehen.

‚So etwas Blödes!' wirst du jetzt vielleicht vor dich hin schimpfen. ‚Warum können die Definitionen denn nicht von Anfang an exakt sein?' - Darauf kann ich dann nur antworten, dass du sie sonst vielleicht nicht gleich verstanden hättest. - Lies erst einmal weiter; vielleicht wirst du mir am Ende dieses Kapitels recht geben.

Nehmen wir uns noch einmal die Definition 7 vor. (Die kennst du inzwischen sicher schon auswendig!)

Dort wird ja eigentlich nur der Term 2^5 als *Potenz* definiert. Und was ist mit 2^{17}, 3^8, 4^2 usw.? Das sind doch alles Potenzen!

Wie jedem sofort einleuchtet, gibt es unendlich viele Potenzen. Schon allein unendlich viele mit der Basis 2, nämlich 2^1, 2^2, 2^3, ... Und dann unendlich viele mit der Basis 3, unendlich viele mit der Basis 4 usw.

Wenn man es ganz genau nimmt, müssten also unendlich viele Definitionen 7 geschrieben werden:

Der Term 2^1 heißt Potenz, ...

Der Term 2^2 heißt Potenz, ... usw.

Unendlich viele Definitionen können nicht aufgeschrieben werden - die eine Definition 7 aber reicht nicht aus, wie du gesehen hast. Was kann man tun?

Nun, die Zahlen haben sich für solche Fälle ein prima Hilfsmittel ausgedacht, sogenannte **Platzhalter.**

Am Beispiel der Potenzen wirst du leicht verstehen - das hoffe ich jedenfalls -, was es mit diesen Platzhaltern auf sich hat.

Alle Potenzen haben dieselbe Form: $\text{Zahl}^{\text{Zahl}}$.

In jeder Potenz gibt es zwei Plätze, die mit natürlichen Zahlen besetzt werden können. Diese Tatsache legt folgende Definition nahe:

> Def.7.1: Ein Term der Form $\square^{\square}$,
>
> mit je einer natürlichen Zahl in beiden Quadraten, heißt **Potenz**.
>
> Die Zahl im unteren Quadrat heißt **Grundzahl** oder **Basis**,
>
> die Zahl im oberen Quadrat heißt **Hochzahl** oder **Exponent**.

Diese Definition ist in Ordnung. Aber den Zahlen ist sie zu umständlich. Schon allein die Kästchen zu zeichnen ist ihnen zu mühsam. Sie holen sich Buchstaben zur Vereinfachung. An Stelle der Quadrate setzen sie Buchstaben. Diese Buchstaben sollen den Platz freihalten für natürliche Zahlen. Deswegen heißen sie Platzhalter.

Der allgemeine Ausdruck für eine Potenz sieht dann zum Beispiel so aus: a^b oder p^q oder x^y.

Genauso gut könnte man große Buchstaben nehmen und bekäme zum Beispiel E^F oder H^U als Zeichen für Potenzen. Die Zahlen haben sich allerdings vor langer Zeit schon darauf geeinigt, als Platzhalter für Zahlen kleine Buchstaben zu nehmen - und dabei sind sie bis heute geblieben.

Wie gefällt dir die folgende Definition?

Def.7.2: Ein Term der Form a^b, wobei a und b Platzhalter für natürliche Zahlen sind, heißt **Potenz**.
a heißt **Grundzahl** oder **Basis**, b heißt **Hochzahl** oder **Exponent**.

Aber, du wirst es kaum glauben, auch diese Definition ist den Zahlen noch zu lang. Sie haben sich folgendes überlegt: Wenn in einem mathematischen Ausdruck Buchstaben vorkommen, so sind sie stets Platzhalter. Das braucht also in einer Definition nicht extra erwähnt zu werden. Aber es muss angegeben werden, für wen die Buchstaben die Plätze freihalten sollen - für alle natürlichen Zahlen zum Beispiel oder nur für Primzahlen, oder nur für gerade Zahlen....

In Definition 7.2 sind a und b Platzhalter für natürliche Zahlen, für Elemente aus der Menge **N**. - So kann die Definition 7.2 noch einmal vereinfacht werden. Aber das ist dann auch die endgültige Form - großes Ehrenwort!

Def.7.3: Ein Term der Form a^b, ($a \in \mathbf{N}$, $b \in \mathbf{N}$) heißt **Potenz**.
a heißt **Grundzahl** oder **Basis**, b heißt **Hochzahl** oder **Exponent**.

Jetzt können wir einige der 15 Definitionen von Seite 95/96 so ändern, dass sie genauer oder auch kürzer werden. Zum Beispiel würde das Zeichen $<$ in Definition 1 dann nicht nur für die Zahlen 2 und 5 gelten, sondern für alle natürlichen Zahlen:

Def.1(neu): Für $a \in \mathbf{N}$ und $b \in \mathbf{N}$) heißt $\mathbf{a < b}$:
a steht weiter links auf dem Zahlenstrahl als b.

Übung

(26) Ändere die Definitionen 2, 3, 11 und 12 auf Seite 95/96 ab, indem du Platzhalter verwendest.

Die Lösungen findest du auf S. 220f.

Ich hoffe sehr, dass du jetzt - wie ich - davon überzeugt bist, dass Buchstaben in der Mathematik ziemlich praktisch sind! Jedenfalls dann, wenn sie in einer Definition vorkommen.

4.2 Behauptungen - Sätze

Die Überschrift dieses Kapitels *Behauptungen - Sätze* wird dich vielleicht erstaunen. ‚Was soll denn das?' wirst du dich eventuell fragen. ‚Jedes Baby weiß doch, was ein Satz ist!' - Keine Angst, ich halte dich nicht für dumm. Ich weiß, dass du weißt, was ein Satz ist.

Sätze sind zum Beispiel:

1) Mathematik ist ein cooles Fach.
2) Ich freue mich schon auf die Ferien.
3) Gib nicht so an!
4) Du bist doof!
5) Italien liegt in Europa.

Von diesen fünf Sätzen nun ist aber nur einer ein Satz im mathematischen Sinn. Und nur von solchen Sätzen soll in diesem Kapitel die Rede sein.

Ein sprachlicher Satz ist nur dann ein *mathematischer Satz*, wenn er folgende Bedingungen erfüllt:

Erstens muss jeder denkende Mensch entscheiden können, ob dieser Satz wahr ist oder falsch. Und zweitens muss ein mathematischer Satz entweder für alle Menschen wahr oder für alle Menschen falsch sein. Demnach ist der Satz *Mathematik ist ein cooles Fach* bestimmt kein mathematischer Satz; denn erstens sind die Meinungen der Schüler über das Fach Mathematik sehr unterschiedlich (sicher auch in deiner Klasse), und zweitens ist nicht exakt festgelegt - du könntest auch sagen ‚definiert' -, was *cooles Fach* bedeutet.

Ich denke, es ist überflüssig, dass ich noch erkläre, weshalb auch die Sätze 2), 3) und 4) auf der vorigen Seite keine mathematischen Sätze sind. - Der letzte Satz dagegen - *Italien liegt in Europa.*- ist ein Satz im Sinne der Mathematik.

In den ersten drei Kapiteln dieses Buches sind etliche mathematische Sätze enthalten, zum Beispiel die folgenden:

Satz 1	S. 10	Es gibt unendlich viele natürliche Zahlen.
Satz 2	S. 13	Jede natürliche Zahl hat einen Nachfolger.
Satz 3	S. 13	Jede natürliche Zahl (außer der 1) hat einen Vorgänger.
Satz 4	S. 48	Es gibt unendlich viele Quadratzahlen.
Satz 5	S. 52	Die Summe von zwei geraden Zahlen ist stets eine gerade Zahl.
Satz 6	S. 53	Das Produkt von zwei ungeraden Zahlen ist stets eine ungerade Zahl.
Satz 7	S. 56	Es gibt unendlich viele Primzahlen.
Satz 8	S. 56	Die 2 ist die einzige gerade Primzahl.
Satz 9	S. 69	Zwei Potenzen mit verschiedenen Primzahlen als Basis haben nie den gleichen Wert.

Übrigens sind auch bei Sätzen Platzhalter oft sehr nützlich. Satz 5 zum Beispiel kann mit ihrer Hilfe recht kurz so formuliert werden:

Satz 5 (neu): Für alle $a \in \mathbf{G}$ und $b \in \mathbf{G}$ gilt: $a + b \in \mathbf{G}$

Ebenso Satz 6:

Satz 6 (neu): Für alle $a \in \mathbf{U}$, $b \in \mathbf{U}$ gilt: $a \cdot b \in \mathbf{U}$

Hier muss man allerdings wissen, dass **G** die Menge aller geraden und **U** die Menge aller ungeraden Zahlen ist.

Stell' dir vor, deine kleine Schwester behauptet eines Tages: „Ich kann 20 Meter auf den Händen gehen!“ Oder dein Freund prahlt: „Ich darf so viel fernsehen, wie ich will!“

- Beiden wirst du wahrscheinlich nicht so ohne weiteres glauben. Sicher wirst du von Schwester und Freund fordern: „Das beweis' mir erst einmal!" - Und da sprichst du genau wie ein Mathematiker! - Mathematiker haben nämlich einen festen Grundsatz: Sätze - und das sind in der Mathematik ja Behauptungen - müssen bewiesen werden. Zu einem Satz gehört ein Beweis!

Erinnerst du dich an das *Buch der Definitionen* im Zahlenland? Jede Zahl darf neue Definitionen für dieses Buch vorschlagen. Diese werden von einer Kommission geprüft. Und zwar gibt es zwei Bedingungen für die Aufnahme einer neuen Definition: die vorgeschlagene Bezeichnung muss neu sein, und die Definition muss sinnvoll sein.

Es wird dich sicher nicht wundern, dass es im Zahlenland auch ein *Buch der Sätze* gibt. Auch hier darf jede Zahl neue Sätze vorschlagen. Auch diese Vorschläge werden geprüft. Die Bedingung für die Aufnahme eines Satzes in das *Buch der Sätze* ist ein fehlerloser und lückenloser Beweis.

Den Beweis muss die Zahl zusammen mit dem Satz einreichen. Und das ist oft nicht einfach.

Es gibt nämlich kein Rezept dafür, wie man Sätze beweisen kann. Beweise können sehr leicht, aber auch sehr schwer zu finden sein. Denk an deine Schwester und an deinen Freund. Deine Schwester könnte ihre Behauptung ‚Ich kann 20 Meter auf Händen gehen' sofort beweisen: Sie geht einfach 20 Meter auf Händen! - Dein Freund dagegen kann seine Behauptung ‚Ich darf fernsehen, soviel ich will' nur mit Hilfe seiner Eltern beweisen. Er müsste sie ja in deinem Beisein fragen.

- Beweise sind nicht nur schwer zu finden, sondern oft auch schwer zu verstehen. Deshalb will ich dir in diesem Buch auch kaum einen Beweis zumuten. Du sollst auch hier nicht lernen, wie man Sätze beweist. Du sollst aber wissen, *dass* ein Satz bewiesen werden muss.

Und doch möchte ich ein Beispiel für einen Beweis bringen. Satz 4 eignet sich dazu besonders gut, da er leicht bewiesen werden kann.

Satz: Es gibt unendlich viele Quadratzahlen.

Beweis:

Von jeder natürlichen Zahl a kann das Quadrat a^2 gebildet werden.

Diese Zahl a^2 ist nach Definition eine Quadratzahl.

Also gibt es zu jeder natürlichen Zahl a eine Quadratzahl.

Es gibt unendlich viele natürliche Zahlen.

Also gibt es auch unendlich viele Quadratzahlen

So einfach kann ein Beweis auch sein! - Allerdings, und das ist sehr wichtig, ist das Beweisen von Satz 4 nur dann so leicht, wenn Satz 1 (Es gibt unendlich viele natürliche Zahlen.) vorausgesetzt wird.

Eigentlich ist es immer so: Für jeden Beweis werden andere, schon bewiesene Sätze gebraucht.

‚Aber das geht doch gar nicht', wirst du jetzt vielleicht einwenden. ‚Irgendwo muss doch ein Anfang sein. Irgendwelche Sätze brauche ich doch, die ich schon als wahr voraussetzen darf!' - Und damit hast du den Nagel auf den Kopf getroffen!

Es gibt in der Mathematik wirklich solche Sätze, die einfach als wahr vorausgesetzt werden. *Grundsätze* oder *Axiome* heißen solche Sätze bei den Zahlen. - Satz 1 und Satz 2 zum Beispiel sind Axiome. Diese Grundsätze stehen im *Buch der Sätze* auf den ersten Seiten.

Weil dies alles nicht so einfach zu verstehen ist, fasse ich noch einmal zusammen:

- Ein Satz in der Mathematik ist eine Behauptung, die bewiesen werden muss. - Zu einem Satz gehört normalerweise ein Beweis.
- Es gibt aber auch Sätze, die als wahr vorausgesetzt werden, die also keinen Beweis brauchen. Solche Sätze heißen **Grundsätze** oder **Axiome.**

4.3 Gesetze - Spielregeln

In dem folgenden Abschnitt geht es um eine besondere Art von Sätzen. Es geht um Sätze, die die Zahlen bei ihren Verknüpfungsspielen benutzen. Du hast sie in Kapitel 2 als *Spielregeln* kennengelernt.

4.3.1 Das Kommutativgesetz bei Verknüpfungen

Die Verknüpfungsspiele, die im Zahlenland gespielt werden, sind in einer Hinsicht alle gleich; das hast du sicher schon gemerkt. Zwei oder mehr Zahlen werden verknüpft. Das Ergebnis ist wieder eine Zahl. Wer das Ergebnis zuerst angibt, hat gewonnen.

Oder es werden zwei oder mehr Mengen verknüpft. Das Ergebnis ist wieder eine Menge. Wer diese Menge zuerst angibt, hat gewonnen.

Du kennst inzwischen schon fünf Zahlenverknüpfungen und drei Mengenverknüpfungen.

Die Zahlenverknüpfungen sind:

1. Die Addition, mit dem Verknüpfungszeichen $+$
2. Die Subtraktion, mit dem Verknüpfungszeichen $-$
3. Die Multiplikation, mit dem Verknüpfungszeichen $\cdot$
4. Die Division, mit dem Verknüpfungszeichen **:**
5. Das Potenzieren, für das es leider kein Verknüpfungszeichen gibt.

Die Mengenverknüpfungen sind:

1. Das Bilden der Vereinigungsmenge, mit dem Verknüpfungszeichen $\cup$.
2. Das Bilden der Schnittmenge, mit dem Verknüpfungszeichen $\cap$.
3. Das Bilden der Restmenge, mit dem Verknüpfungszeichen $\setminus$.

Betrachten wir zunächst die Zahlenverknüpfungen unter einem bestimmten Gesichtspunkt. Es geht um die Frage, ob die Reihenfolge der verknüpften Zahlen für das Ergebnis von Bedeutung ist oder nicht.

Bei drei der oben genannten Zahlenverknüpfungen kommt es auf die Reihenfolge an. Das heißt, dass es nicht gleichgültig ist, ob a mit b oder b mit a ($a \in \mathbf{N}$, $b \in \mathbf{N}$) verknüpft wird. Die Ergebnisse sind verschieden.

Diese drei Verknüpfungen sind:

I. die Subtraktion; zum Beispiel gilt: $5 - 3 = 2$, aber $3 - 5 \notin \mathbf{N}$.

II. die Division; zum Beispiel gilt: $6 : 3 = 2$, aber $3 : 6 \notin \mathbf{N}$.

III. das Potenzieren; zum Beispiel gilt: $2^3 = 8$, aber $3^2 = 9$.

Bei den anderen beiden Zahlenverknüpfungen dagegen kommt es auf die Reihenfolge nicht an. Da ist es egal, ob a mit b oder b mit a ($a, b \in \mathbf{N}$) verknüpft wird. Das Ergebnis ist in beiden Fällen gleich.

Wenn dies für eine Verknüpfung zutrifft, nennen die Zahlen sie **kommutativ.** Oder sie sagen: Es gilt das **Kommutativgesetz.**

Wie du sicher aus eigener Erfahrung bestätigen kannst, gelten die **Kommutativgesetze der Addition und der Multiplikation***:

Für alle $a, b \in \mathbf{N}$ gilt: (1) $\mathbf{a + b = b + a}$ (2) $\mathbf{a \cdot b = b \cdot a}$.

Sieh dir jetzt die drei Mengenverknüpfungen an. Zwei dieser Verknüpfungen sind kommutativ, die dritte nicht. Bevor du weiterliest, versuche selber herauszufinden, welche die ersten beiden sind und welche die dritte ist.

*Die Kommutativgesetze sind mathematische Sätze, die bewiesen werden können. Ich werde das aber nicht tun, denn die Beweise sind ziemlich schwierig.

Hier die Antwort:
Es gelten die **Kommutativgesetze der Vereinigung und der Schnittmengenbildung:** Für alle Mengen A, B gilt:

$$(1)\ \mathbf{A \cup B = B \cup A}, \qquad (2)\ \mathbf{A \cap B = B \cap A}.$$

Die **Restmengenbildung** ist **nicht kommutativ**. So gilt zum Beispiel für A={1; 2; 3} und B={3; 4}: $A \setminus B = \{1; 2\}$, aber $B \setminus A = \{4\}$.

4.3.2 Das Assoziativgesetz bei Verknüpfungen

Wenn drei Zahlen a, b, c $\in$ **N** in der Reihenfolge a, b, c verknüpft werden sollen, so gibt es dafür zwei Möglichkeiten:

Bei der Addition	$(a + b) + c$	oder	$a + (b + c)$.
Bei der Subtraktion	$(a - b) - c$	oder	$a - (b - c)$.
Bei der Multiplikation	$(a \cdot b) \cdot c$	oder	$a \cdot (b \cdot c)$.
Bei der Division	$(a : b) : c$	oder	$a : (b : c)$.
Beim Potenzieren	(a hoch b) ^{c}	oder	a hoch (b^c)

Wie du sicher schon vermutest, geht es jetzt um die Frage, bei welchen Verknüpfungen die Stellung der Klammer wichtig ist, bei welchen nicht.

Übungen
(27) Bestimme die drei Verknüpfungen, bei denen die Klammer wichtig ist - und gib für jede dieser Verknüpfungen ein Beispiel an.

(28) Bestimme die beiden Verknüpfungen, bei denen die Klammer keine Rolle spielt.
Die Lösungen findest du auf S. 221.

Ich vermute, du hast Übung (28) richtig bearbeitet und herausgefunden, dass es bei der Addition und bei der Multiplikation auf die Stellung der Klammer nicht ankommt.

Die Zahlen haben sich für diesen Sachverhalt leider ein furchtbar schweres Wort ausgedacht. Sie sagen: Eine Verknüpfung, bei der es auf die Stellung der Klammer nicht ankommt, heißt **assoziativ**, für eine solche Verknüpfung gilt das **Assoziativgesetz**.

Die beiden Assoziativgesetze für unsere Zahlenverknüpfungen lauten mathematisch exakt:

Assoziativgesetz der Addition in N:

Für alle a, b, c $\in$ **N** gilt:

$(a + b) + c = a + (b + c)$.

Assoziativgesetz der Multiplikation in N:

Für alle a, b, c $\in$ **N** gilt:

$(a \cdot b) \cdot c = a \cdot (b \cdot c)$.

Auch Mengenverknüpfungen sind entweder assoziativ oder nicht.

Übung

(29) Gib an, welche der drei Mengenverknüpfungen assoziativ sind (es sind zwei) und welche nicht.

Die Lösungen findest du auf S. 221.

Fassen wir noch einmal zusammen:

Wenn bei einer Verknüpfung drei Elemente verknüpft werden und die Stellung der Klammer keine Rolle spielt, so heißt die Verknüpfung **assoziativ.**

Assoziative Zahlenverknüpfungen sind z. B. Addition und Multiplikation. Assoziative Mengenverknüpfungen sind z. B. Vereinigung und Schnittmengenbildung.

Kapitel 5: Beziehungsspiele - Relationen

5.1 Relationen zwischen Zahlen

Nach der ersten Woche im Mathematikland wollte ich mir einen Ruhetag gönnen. - Der Umgang mit den Zahlen war nämlich ziemlich anstrengend, weil ihnen ständig etwas Neues einfiel.

So lag ich gerade gemütlich auf dem Sofa, Bleistift und Schreibblock außer Reichweite, als die 19 hereinstürmte. ‚Wenn sie schon nicht anklopft, dann könnte sie wenigstens „Guten Tag" sagen', dachte ich ein wenig ärgerlich. Aber auch damit war es nichts. Die 19 legte sofort los: „Die Relationsspiele solltest du dir wirklich nicht entgehen lassen! Wir haben schon vor einer halben Stunde angefangen. Es macht irre Spaß! Das Beste allerdings ist, dass heute wir Primzahlen Spielleiter sind! Komm schnell mit, ich warte!"

Eigentlich mag ich es nicht, so gedrängt zu werden, und am liebsten hätte ich das der 19 auch gesagt. - Aber andererseits war ich neugierig. Ich war neugierig, weil ich mir beim besten Willen interessante Spielregeln für ein Relationsspiel nicht vorstellen konnte.

Doch vielleicht sollte ich erst einmal den Begriff *Relation* erklären. Zu einer Relation gehört ein Relationszeichen, genauso wie zu einer Verknüpfung ein Verknüpfungszeichen gehört. Und ebenso wie bei einer Verknüpfung gibt es auch bei einer Relation zwei Leerstellen rechts und links vom Relationszeichen. In diese Leerstellen sollen - auch das ist wie bei einer Verknüpfung - Elemente aus einer Menge eingesetzt werden.

Du kennst aus diesem Buch schon vier Relationszeichen, nämlich

$<$ (kleiner), $>$ (größer), $\mid$ (Teiler von) und $\nmid$ (kein Teiler von).

Wegen der oben genannten Gemeinsamkeiten werden Relationen oft mit Verknüpfungen verwechselt. Das muss eigentlich nicht sein.

Es gibt nämlich auch einen großen Unterschied zwischen Relation und Verknüpfung.

Sind die beiden Leerstellen neben dem Zeichen besetzt, so geht es bei einer Verknüpfung ja erst los mit dem Rechnen bzw. mit dem Verknüpfen: Zu **3 + 4** zum Beispiel gehört auf jeden Fall = **7**; und **G ∩ U** muss einfach durch = **Ø** ergänzt werden.

Das ist bei Relationen anders. Sobald hier in die beiden Leerstellen je eine Zahl eingesetzt worden ist, ist der Ausdruck vollständig.

3 < 4 zum Beispiel ist so etwas wie ein vollständiger Satz. Er sagt etwas über die Beziehung zwischen den Zahlen 3 und 4 aus, nämlich, dass 3 kleiner ist als 4.

4 < 3 übrigens ist auch ein vollständiger Satz. Der Unterschied zu **3 < 4** ist lediglich, dass **3 < 4** wahr ist und **4 < 3** nicht.

Das Wort *Relation* übrigens kommt aus dem Lateinischen und bedeutet so viel wie *Beziehung*.

Das entscheidende Merkmal einer Relation - im Unterschied zu einer Verknüpfung - ist folgendes: Sind bei einer Relation in beide Leerstellen Zahlen eingesetzt worden, so geht es nicht darum, ein Ergebnis zu finden (das ist bei einer Verknüpfung der Fall), sondern darum festzustellen, ob die entstandene Aussage wahr ist oder falsch.

Und das war der Grund für meine Bedenken gegenüber einem Relationsspiel. Ich stellte es mir für ein Spiel recht langweilig vor, immer nur ‚wahr‘ oder ‚falsch‘ zu rufen.

Aber offensichtlich hatten sich die Zahlen andere Spielregeln ausgedacht. Und das interessierte mich. So ging ich doch mit der 19 mit.

Es war, als ahnte die 19 etwas von meiner Neugierde. Jedenfalls erzählte sie mir unterwegs, dass die Zahlen sich sogar drei verschiedene Arten von Relationsspielen ausgedacht hätten, *Paarwettlauf*, *Topf und Deckel* und *Heiteres Zeichenraten*. - Weiteres wolle sie mir nicht verraten. Ich solle versuchen, die Spielregeln selbst herauszufinden.

Das Spiel ‚Paarwettlauf‘

Bei unserer Ankunft auf dem Spielplatz bot sich mir folgendes Bild: In der Mitte des Spielfeldes waren drei Leerstellen gekennzeichnet:

Daneben stand die 47 (sie war gerade Spielleiterin), und neben ihr sah ich eine Kiste mit der Aufschrift *Relationszeichen*. In etwa 10 Meter Abstand standen die Zahlen im Kreis um die drei Leerstellen herum.

Plötzlich griff die 47 in die Kiste. Sie holte ein Zeichen heraus und legte es auf die mittlere Leerstelle. Als die Zahlen erkannt hatten, dass es sich um das Zeichen < handelte, begannen sie, unruhig zu werden. Sie blickten nach rechts und links, flüsterten sich gegenseitig etwas zu oder versuchten, eine Zahl zu sich heranzuziehen. Offensichtlich waren sie auf Partnersuche. - Plötzlich rief die 47 „Los!“. Und sofort setzten sich etliche Zahlen in Bewegung; sie liefen immer zu zweit. Das Paar, das zuerst auf den Leerstellen stand, hatte gewonnen; es war das Paar **[5; 11]**. Auf dem Spielfeld sah es also so aus: **5 < 11**. Und weil diese Aussage wahr ist, bekamen die 5 und die 11 je einen Spielpunkt.

„Dies also ist der *Paarwettlauf*“, vermutete ich. Die 19 bestätigte es.

Als nächstes holte die 47 das Zeichen | aus der Kiste. Hier gewann das Paar **[17; 51]**. Vorher hatte es allerdings ziemlichen Ärger gegeben, weil die 8 und die 4 den Spielpunkt beanspruchten. Sie hatten zuerst auf den Leerstellen gestanden; nur leider auf den falschen Plätzen; in den Leerstellen sah es so aus: 8 | 4. „So wie ihr steht,“ hatte die 47 gerufen, „heißt das, dass 8 ein Teiler von 4 ist (8 teilt 4), und das ist leider falsch.“ Und sie ließ sich auch nicht umstimmen, als etliche Zahlen ihr vorwarfen, zu kleinlich zu sein. „Wenn wir Zahlen schon nicht genau sind, wie können es wir dann von den Menschen erwarten“, sagte sie nur und zog das nächste Zeichen aus der Kiste: ≠ (lies: ungleich).

„Buh", murrten die älteren Zahlen, „wie langweilig.“- „Toll“, freuten sich die jüngeren, „wie leicht!" – Das Paar **[465**; **14]** gewann.

„Bei dieser Relation gehen die Meinungen der Zahlen so auseinander, weil es furchtbar leicht ist, einen Partner zu finden“, erklärte mir die 19. „Jede Zahl kann jede andere wählen, nur nicht sich selbst. Genauso leicht ist es übrigens mit der Relation $=$. Hier braucht jede Zahl nur sich selbst mitzunehmen.“ -

Ich sah wieder auf das Spielfeld. Die 47 hatte das Zeichen $\leq$ (kleiner-gleich) gezogen, und die Paare **[3**; **17]** und **[4**; **4]** kämpften um den ersten Platz. Aber ich sollte nicht erfahren, wer Sieger wurde, denn die 19 fing schon wieder an, auf mich einzureden: „Ich habe gehört, dass Schüler oft Schwierigkeiten mit dem Zeichen $\leq$ haben, ebenso mit $\geq$ (größer-gleich).“

- Damit hatte sie zwar Recht; aber im Augenblick wollte ich eigentlich lieber den Zahlen beim Spielen zusehen. Doch der 19 machte es offensichtlich Spaß, mich zu belehren. Sie wich den ganzen Tag nicht von meiner Seite. ‚Die hätte Lehrerin werden sollen‘, dachte ich gerade, als sie schon wieder loslegte: „Dabei ist die Relation $\leq$ doch gar nicht so schwer zu verstehen. Statt $\leq$ hätte die 47 auch die beiden Zeichen $<$ und $=$ in die Mitte legen können; das hätte genau dasselbe bedeutet. Ich meine damit, dass $\mathbf{a} \leq \mathbf{b}$ ($a, b \in \mathbf{N}$) genau dann stimmt, wenn entweder $a < b$ oder $a = b$ ist.

Zum Beispiel sind $4 \leq 5$ und $4 \leq 4$ beides wahre Aussagen.

Beim Zeichen $\leq$ ist einfach nur etwas mehr erlaubt als bei $<$. Übrigens, ihr Menschen habt in eurer Umgangssprache ein Wort, das genau dasselbe bedeutet wie $\leq$. Es ist das Wort *höchstens*.

Wenn zum Beispiel deine Schüler zu dir sagen: ‚Heute machen wir wegen des schönen Wetters höchstens fünf Mathematikaufgaben‘, so meinen sie damit, dass sie entweder weniger als fünf oder genau fünf Aufgaben bearbeiten werden.

Entsprechendes gilt auch für die Größer-gleich-Relation: $\mathbf{a} \geq \mathbf{b}$ ($a, b \in \mathbf{N}$) stimmt genau dann, wenn entweder $a > b$ oder $a = b$ ist.

Zum Beispiel ist beides richtig: 14 $\geq$ 5 und 14 $\geq$ 14.

In eurer Umgangssprache bezeichnet ihr diesen Sachverhalt mit dem Wort *mindestens*. Wenn ihr sagt: ‚Zum Völkerball braucht man mindestens sechs sportliche Typen', so heißt das, dass sechs oder mehr Spieler gebraucht werden."*

Übung

(30) Welche Paare von ungeraden einstelligen Zahlen dürfen sich auf die Leerstellen stellen bei (1) □ > □, (2) □ = □, (3) □ | □,

Die Lösungen findest du auf S. 221.

Das Spiel ‚Topf und Deckel'

„*Topf und Deckel*", rief eine Zahl plötzlich so laut, dass alle zu ihr hinsahen. Es war die 53; sie hatte offensichtlich die 47 als Spielleiterin abgelöst. Das war eine gute Gelegenheit für mich, die 19 um Ruhe zu bitten. Ich wollte das zweite Spiel doch auch kennenlernen.

Der Anfang war genauso wie beim *Paarwettlauf*. Die 53 legte ein Relationszeichen in die Mitte (es war das | - Zeichen). Aber das war offensichtlich noch nicht alles, denn die Zahlen warteten weiterhin gespannt. Und da kam auch schon die nächste Anweisung: „Die 7 bitte auf die erste Leerstelle!" - Die 7 setzte sich in Bewegung, und bald sah es in der Spielfeldmitte so aus: **7** | □ . Und jetzt konnte man es etlichen Zahlen direkt ansehen, wie konzentriert sie rechneten. „Los!" rief die 53, und schon rannten sie um die Wette: die 7, die 14, die 21, die 28 ... Es rannten alle die Zahlen, die sich durch 7 teilen lassen, die *Vielfachen von 7*, wie die Zahlen auch sagen. Nur die 693 blieb fälschlicherweise stehen. Sie hatte entweder geschlafen oder sich verrechnet. Dafür war die 128 losgelaufen, obwohl sie es gar nicht durfte, denn 7 ist kein Teiler von 128. - Es gewann die 777.

* Falls du einmal nicht mehr sicher bist, welches der Zeichen > und < *größer* und welches *kleiner* bedeutet, so denk an folgendes: Das Zeichen < erinnert an den Buchstaben K, und K erinnert an ‚kleiner'.

Bei der nächsten Runde war auf der Spielfeldmitte zu lesen: **□ | 15**.

Jetzt liefen nur wenige Zahlen, und zwar die 1, die 3, die 5 und die 15. Sie allein durften die erste Leerstelle besetzen, denn nur sie sind Teiler von 15. - Es gewann die 3.

Noch ruhiger ging es bei der nächsten Aufgabe zu: **10 = □.** Die 10 trabte gemütlich heran; sie wusste, dass sie keine Konkurrenz hatte.

Wieder lebhafter wurde es bei **□ ≠ 27**. Hier war die 27 die einzige Zahl, die auf ihrem Platz blieb.

Die nächsten Aufgaben waren **□ < 11** und **□ ≥ 80**.

Gerade wollte die 53 ein neues Zeichen aus der Kiste holen, als die 27 angerast kam, den Deckel zuknallte, sich auf die Kiste setzte und schrie: „Jetzt reicht es mir aber! Nie komme ich dran! Ich konnte noch keinmal mitlaufen bei diesem blöden Spiel! Ich als einzige! Das ist gemein!“ - Stimmte das? Oder übertrieb die 27?

Bisher hatte es folgende Aufgaben gegeben:

1) **7 | □**	2) **□ | 15**	3) **10 = □**
4) **□ ≠ 27**	5) **□ < 11**	6) **□ ≥ 80**.

Ja, die 27 hatte recht. Sie hatte tatsächlich nie mitlaufen können, denn

- sie war kein Vielfaches von 7,
- sie war kein Teiler von 15,
- sie war nicht gleich 10,
- sie war nicht von 27 verschieden,
- sie war nicht kleiner als 11 und
- sie war nicht größer oder gleich 80.

Die 53 entschuldigte sich vielmals und bot als Trost folgende Aufgabe an: **□ = 27**. Aber damit war die Ruhe noch nicht wieder hergestellt. Jetzt fingen auch andere Zahlen an, sich über Ungerechtigkeiten in diesem Spiel zu beschweren.

Die 97 zum Beispiel beklagte sich mit folgenden Worten: „Wenn bei der Teiler-Relation die erste Leerstelle besetzt ist - wenn es also auf dem Spielfeld so aussieht: $a \mid \square$ - dann habe ich kaum einmal die Chance, loszulaufen, denn als Primzahl bin ich ja nur Vielfaches von 1 und von mir selber. Du dagegen“, sie wandte sich an die 48, „bist Vielfaches von 1, 2, 3, 4, 6, 8, 12, 16, 24 und 48. Wenn das nicht ungerecht ist!“

Und die 3 schimpfte: „Ich wiederum bin ganz schlecht dran, wenn bei der Größer-Relation die zweite Leerstelle besetzt ist - wenn es auf dem Spielfeld so aussieht: $\square > \mathbf{a}$. - Ich darf dann nur mitlaufen, wenn a eine der Zahlen 0, 1 oder 2 ist. Und das ist ja wohl selten einmal der Fall. Du dagegen“, und sie wandte sich an die 1 000, „kannst in 1 000 Fällen mitmachen!“

Inzwischen schien jeder Zahl eine Aufgabe eingefallen zu sein, bei der sie schlechter dran war als andere. Es wurde jedenfalls so viel und so laut durcheinandergeschrien, dass ich überhaupt nichts mehr verstand.

Nebenbei bemerkt, ich hätte nie gedacht, dass Zahlen gegenüber Ungerechtigkeiten ebenso empfindlich sind wie Menschen. Inzwischen weiß ich: sie sind es.

Die 53 hatte offensichtlich auch keine Lust mehr, sich die zahlreichen Klagen anzuhören. „Dann spielen wir eben *Heiteres Zeichenraten*“, schlug sie vor. Und sie setzte hinzu: „Das ist jedenfalls ein ganz gerechtes Spiel.“

„Halt!“ rief ich. Jetzt musste ich doch einmal unterbrechen; denn hier war wohl die letzte günstige Gelegenheit für meine Frage, die über die ich schon so lange nachgedacht hatte. Ich wollte wissen, weshalb das letzte Spiel eigentlich *Topf und Deckel* hieß.

„Das war meine geniale Idee!“ tönte eine tiefe Bass-Stimme hinter mir. Es war der König! „Als ich das letzte Mal bei euch im Menschenland zu Besuch war“, erklärte er weiter, „da hat mir eins von euren klugen Sprichwörtern so gut gefallen.

Es ist das Sprichwort: *Auf jeden Topf passt ein Deckel!* - Und als ich nach dieser Reise das erste Mal wieder an Relationsspielen teilnahm," fuhr der König fort, „da fiel mir plötzlich folgendes auf: wenn bei diesem Spiel das Relationszeichen feststeht und eine Zahl in eins der beiden Kästchen geschickt wird, dann gibt es stets mindestens eine Zahl, die in das andere Kästchen passt. So wie bei Topf und Deckel!

Und dann kam mir einfach diese hervorragende Idee!" Stolz blickte der König in die Runde.

Da wollte ich ihn nicht vor allen Zahlen darauf aufmerksam machen, dass er nicht ganz. recht hatte. Welche Zahl sollte denn bei $\square < \mathbf{0}$ in das leere Kästchen passen?

Als der König sich genug bewundert fühlte, erlaubte er den Zahlen, ‚mit den Spielen fortzufahren‘. (Er liebt solche vornehmen Ausdrücke.)

Übung

(31) Welche Zahl passt in alle drei Leerstellen? Gibt es mehr als eine solche Zahl?

(1) $\square < \mathbf{11}$ (2) $\square \geq \mathbf{8}$ (3) $\square \mid \mathbf{9}$

Die Lösungen findest du auf S.222.

Das Spiel ‚Heiteres Zahlenraten‘

Und hier nun die Spielregeln für das *Heitere Zeichenraten*:

Einige der Relationszeichen werden für alle sichtbar oben auf die Kiste gelegt (die Auswahl dieser Zeichen ist von Spiel zu Spiel verschieden).

Danach werden zwei Zahlen aufgerufen, die sich in die beiden äußeren Leerstellen stellen.

Die anderen Zahlen sollen nun bestimmen, welche der ausgewählten Relationszeichen zwischen die beiden Zahlen ‚passen‘.

Wer zuerst alle in Frage kommenden Zeichen zwischen die Zahlen gelegt hat, bekommt den Spielpunkt.

Beim ersten Spiel wurden die Zeichen $<$, $\mid$, $\nmid$, und $\neq$ ausgewählt und die Zahlen 17 und 18 aufgerufen. Drei der Zeichen ‚passten‘, und zwar $<$, $\nmid$ und $\neq$. Denn $17 < 18$ ist wahr, und $17 \nmid 18$ ist wahr, und $17 \neq 18$ ist auch wahr. Aber $17 \mid 18$ ist falsch.

Bei den nächsten beiden Runden wurden die Relationszeichen nicht verändert, nur die Zahlen. Es waren die Paare **[21; 42]** und **[18; 18].**

Für 21 und 42 passten die Zeichen $<$, $\mid$ und $\neq$; für 18 und 18 gab es nur eine Möglichkeit, nämlich $18 \mid 18$.

Übung

(32) Welche der Zeichen $<$, $\mid$, $\nmid$, und $\neq$ kann man bei folgenden Zahlenpaaren einsetzen?

(1) 80 und 70 (2) 13 und 26 (3) 1000 und 200.

Die Lösungen findest du auf S. 222.

Als nächstes wählte die 53 die Relationszeichen $<$, $\mid$ und $=$ aus und rief das Paar **[17; 11]** auf.

Pause. Schweigen. Bis endlich die 100 erklärte, weshalb keines der drei Zeichen passt. Sie hatte sogar noch mehr entdeckt! Sie hatte entdeckt, dass für alle Zahlenpaare, bei denen die erste Zahl größer ist als die zweite, keins der drei Relationszeichen eingesetzt werden darf. Und damit hatte sie recht.

Jetzt legte die 53 folgende Zeichen auf die Kiste $<$, $>$ und $=$. Sie rief aber kein Zahlenpaar auf, sondern sagte:

„Den nächsten Spielpunkt erhält die Zahl, die als erste erklären kann, weshalb der Fall von eben, nämlich dass keins der Relationszeichen passt, hier nie eintreten kann. Bei keinem Zahlenpaar.“

Der versprochene Spielpunkt konnte leider nicht vergeben werden, denn es redeten mindestens 500 Zahlen gleichzeitig auf die 53 ein. Die Frage schien zu leicht gewesen zu sein. Ich vermute, das findest du auch!

Übungen

(33) Paarwettlauf

Bei diesem Spiel dürfen nur die Zahlen 1, 2, 3, 4 mitmachen. Welche Zahlenpaare dürfen sich jeweils in die Leerstellen stellen?

(1) $\square < \square$ (2) $\square > \square$ (3) $\square \neq \square$

(4) $\square = \square$ (5) $\square \mid \square$ (6) $\square \nmid \square$.

(34) Topf und Deckel

Bei diesem Spiel dürfen nur die Zahlen 1, 2, 3, 4, 5, 6, 7, 8, 9 mitmachen. Welche Zahlen dürfen sich jeweils in die Leerstelle stellen?

(1) $10 < \square$ (2) $\square < 6$ (3) $4 > \square$

(4) $7 > \square$ (5) $9 \leq \square$ (6) $3 \geq \square$.

(7) $\square \leq 5$ (8) $\square \geq 27$ (9) $\square \mid 20$

(10) $3 \mid \square$ (11) $\square \nmid 24$ (12) $2 \nmid \square$.

(13) $10 = \square$ (14) $4 \neq \square$ (15) $15 \mid \square$

(35) Heiteres Zeichenraten

Welche der folgenden Zeichen würden jeweils passen:

$<, \quad \leq, \quad >, \quad \geq, \quad \mid, \quad \nmid, \quad =, \quad \neq.$

1) $4 \square 12$ 2) $17 \square 17$ 3) $28 \square 14$ 4) $3 \square 17$ 5) $80 \square 11$.

Die Lösungen findest du auf S. 222.

Da du mittlerweile in der Lage bist, exakte mathematische Definitionen zu verstehen, hier die genauen Erklärungen der Zeichen $\leq$ und $\geq$ und des Begriffes *Vielfaches einer Zahl*:

Def.16: <u>Definition der Relation</u> $\leq$

Für zwei natürliche Zahlen a und b ist **a ≤ b** genau dann wahr, wenn entweder $a < b$ oder $a = b$ wahr ist.

Def.17: <u>Definition der Relation</u> $\geq$

Für zwei natürliche Zahlen a und b ist **a ≥ b** genau dann wahr, wenn entweder $a > b$ oder $a = b$ wahr ist.

Def.18: Eine Zahl b heißt **Vielfaches einer Zahl a**, wenn gilt: a ist Teiler von b.

5.2 Relationen zwischen Mengen

Als ich am nächsten Tag auf den Spielplatz kam, fielen mir sofort zwei Veränderungen auf. Erstens waren die beiden äußeren Leerstellen in der Spielfeldmitte erheblich vergrößert worden, und zweitens stand eine neue Kiste da. Sie trug die Aufschrift

Relationszeichen

für Mengen

Demnach sollten heute Relationsspiele für Mengen stattfinden. Da verstand ich auch die Vergrößerung der beiden Leerstellen. Auf jeder von ihnen musste heute ja eine ganze Menge Platz finden, und das können recht viele Zahlen sein.
Die Spielregeln hatten sich nicht geändert. Und trotzdem ging es heute noch lauter und aufgeregter zu als am Vortage. Denn wenn Mengen laufen, gibt es des Öfteren kleine Zwischenfälle. Da sich nämlich beim Laufen alle Zahlen einer Menge anfassen - die beiden äußeren halten die Mengenklammern -, fällt gleich die gesamte Menge hin, wenn eine der Zahlen stolpert. Oder zwei Zahlen lassen sich los, und die beiden dabei entstehenden Mengenteile werden auseinandergerissen. - Solche kleinen Unfälle passierten an jenem Tag mehr als einmal.
Die Mengen, die aus nur einer Zahl bestanden, waren beim Laufen klar im Vorteil. Aber über diese Ungerechtigkeit beschwerte sich merkwürdigerweise niemand. Mengen sind wohl in dieser Hinsicht weniger empfindlich als Zahlen.

Dier Spielleiterin - heute waren die Kubikzahlen an der Reihe und man hatte die 125 gewählt - hatte für den Vormittag die Mitspieler auf zehn Mengen und sieben Relationszeichen beschränkt. Sonst würde das Gedränge einfach zu groß werden, hatte sie erklärt. Und Zuschauen machte ja auch Spaß!
Die Mengen waren einverstanden. Jede hoffte im Stillen, dass sie am Nachmittag mitspielen dürfte, wenn sie am Vormittag nicht ausgewählt würde.

Die zehn Mengen waren: C = {1; 2; 3; 4; 5} D = {7; 8; 9}
E = {7} F = {6; 7; 8; 9; 10} H = {3; 2; 1}
I = {7; 10} J = {2; 3} L = {1} M = {1; 2; 3}

R = {5; 2; 3}. (Man hatte die Buchstaben A und B für neue Definitionen reserviert und **G**, **K**, **N** und **P** für die geraden und die natürlichen Zahlen, für die Kubik- und die Primzahlen. Dass H und M eigentlich dieselbe Menge waren, sollte wegen der Spiele so sein, sagte die 125.)

Die sieben Relationszeichen waren:

$=$	$\neq$	$\cong$	$\subseteq$	$\subset$	$\supseteq$	$\supset$

Ich denke, ich sollte dir zunächst diese sieben Relationen vorstellen:

(I) Die Relation = (gleich)

Ich weiß, dass du die Gleichheitsrelation schon von Zahlen kannst und will dich nicht langweilen. Trotzdem möchte ich dich auf eine Besonderheit der Gleichheit von Mengen hinweisen.

Hältst du die Mengen A = {2; 3; 4} und B = {4; 2; 3} für gleich oder nicht? Falls nicht, dann blättere zurück auf S. 45. Dort kannst du lesen: ‚Bei Mengen kommt es nicht auf die Reihenfolge an, in der die Zahlen in den Mengenklammern stehen.' Du hast dich also geirrt.

Wenn du dich dagegen für A = B entschieden hattest, dann gratuliere ich dir zu deinen mathematischen Kenntnissen. Du hast gewusst, dass es bei Mengen auf die Reihenfolge der Zahlen nicht ankommt.*

Wir können also formulieren: Zwei Mengen A und B heißen **gleich** (A = B), wenn sie in allen Zahlen übereinstimmen, wobei die Reihenfolge keine Rolle spielt.

*Anders ist es dagegen bei Zahlenpaaren. Denk an das Paar [8;4] auf S. 111. Dieses Paar konnte beim Paarweltlauf nicht gewinnen, weil es gar nicht laufen durfte, im Gegensatz zu dem Paar [4;8]. [8;4] und [4;8] sind verschiedene Paare. Merke also: Bei Zahlenpaaren kommt es auf die Reihenfolge der beiden Zahlen an.

(II) Die Relation $\neq$ (ungleich)

Mit der Relation $\neq$ ist es nun ganz einfach. Hier gilt schlicht und ergreifend: Zwei Mengen A und B heißen **ungleich** ($A \neq B$), wenn sie nicht gleich sind. (Vielleicht kommt dir der letzte Satz etwas merkwürdig vor. Aber sinnvoll ist diese Definition trotzdem.)

(III) Die Relation $\cong$ (gleichmächtig)

Wenn ich die vier Mengen $T = \{13; 11; 12\}$, $U = \{1; 4; 37\}$, $V = \{3\}$ und $W = \{134; 216; 15\}$ vor mir sehe, dann fällt mir gleich das Lied *Eins von diesen Dingen gehört nicht zu den andern* aus der Sesamstraße ein. Dir sicher auch. V ist anders als die anderen; denn V hat nur *ein* Element, während jede der anderen Mengen aus drei Elementen besteht.

Zwei Mengen mit der gleichen Anzahl von Elementen können gut zusammen tanzen gehen; jedem Element der einen Menge ist ein Tanzpartner aus der anderen Menge sicher und umgekehrt.

Für die Zahlen ist es sehr wichtig, ob zwei Mengen gleich viele Elemente haben oder nicht. Es ist für sie sogar so wichtig, dass sie dafür ein neues Wort erfunden haben. Sie sagen:

Zwei Mengen A und B heißen **gleichmächtig** ($A \cong B$), wenn die Anzahl ihrer Zahlen gleich ist.*

Bei der Einführung dieses Begriffes soll es einst Schwierigkeiten gegeben haben, berichteten mir die Zahlen. Der König habe protestiert. Es sei auch allen klar gewesen, weshalb er nicht einverstanden war. Nach der neuen Definition nämlich war die Menge $\{0\}$ gleichmächtig mit jeder beliebigen Menge, die nur aus einer Zahl besteht. Und das konnte dem König, der sich für den Mächtigsten von allen hielt und hält, natürlich nicht gefallen. Aber oh Wunder! - dieses Mal setzten sich die Zahlen durch!

*Diese Definition gilt aber nur für Mengen mit endlich vielen Elementen. Bei Mengen mit unendlich vielen Elementen wie zum Beispiel **N**, **G**, **U**, **P** oder **Qu** wird Gleichmächtigkeit anders definiert. Aber das ist für uns jetzt nicht wichtig.

(IV) Die Relation $\subseteq$ (Teilmenge)

Mit dem Begriff *Teilmenge einer Menge* wirst du sicher keine Schwierigkeiten haben. Von der Menge B = {1; 2; 7; 11; 13} zum Beispiel ist die Menge A = {2; 7; 11} eine Teilmenge, weil die Zahlen 2; 7 und 11 ein Teil der Zahlen 1; 2; 7; 11und 13 sind. Ebenso sind die Mengen {1; 11}, {7} und {2; 11; 13} Teilmengen von B.

Wir können vorläufig definieren: Eine Menge A heißt **Teilmenge** einer Menge B, wenn jede Zahl aus A auch zu B gehört. Die Menge {1; 4} ist demnach keine Teilmenge von B = {1; 2; 7; 11; 13}, weil 4 Element von A, aber nicht von B ist.

Schreibe doch einmal alle Teilmengen von M = {1; 2; 3} auf. Lass dir ruhig Zeit! - Ich rate mal, dass du sechs Teilmengen gefunden hast, nämlich die Mengen {1},{2},{3},{1; 2}, {1; 3},{2; 3}.

Das ist für den Anfang sehr gut. Aber die Liste der Teilmengen ist noch nicht vollständig; es müssen insgesamt acht sein.

Nun, du kannst natürlich nicht wissen, dass die Zahlen vor langer Zeit schon folgende Festlegung getroffen haben:

I: Die leere Menge ist Teilmenge jeder Menge M.

II: Jede Menge hat sich selber als Teilmenge.

Zu den sechs Teilmengen oben kommen also noch { } und {1; 2; 3}.

Falls du das komisch findest: Hier die Begründungen der Zahlen:

Zu I: Weil die leere Menge gar kein Element hat, sind zwangsläufig alle Elemente der leeren Menge in jeder Menge M enthalten. Also ist die Bedingung aus der Definition erfüllt.

Zu II: Stell dir vor, euer Klassenlehrer kommt eines Tages wütend in eure Klasse gestürmt und schimpft: „Es ist beobachtet worden, dass ein Teil von euch in der großen Pause Wasserbomben in die Parallelklasse geworfen hat. Diese Schüler haben sich sofort zu melden!" - Was tut ein anständiger Klassensprecher in einem solchen Fall? Er sagt: „Das waren wir alle!" - Und nun stellt sich die Frage, ob man alle Schüler einer Klasse als einen *Teil* der Klasse bezeichnen kann. In unserer Umgangssprache ist das sicher nicht üblich. Wenn du an einem einzigen Abend alle entliehenen Comics verschlingst, dann wirst du sicher am nächsten Tag nicht sagen, dass du einen Teil dieser lehrreichen Hefte gelesen hättest.

Nun, an dieser Stelle unterscheidet sich der Sprachgebrauch der Zahlen von unserem. Sie sagen: „Jede Menge ist auch eine Teilmenge von sich selbst." Und sie argumentieren wieder mit der Definition. Dort werde ja nicht gefordert, dass A weniger Elemente haben müsse als B.

Übung

(36) Die Menge $M = \{1; 2; 3; 4\}$ hat 16 Teilmengen. Acht davon sind die Teilmengen von $\{1; 2; 3\}$. (Siehe S. 124). Schreibe die acht Teilmengen auf, die dazu kommen.

Die Lösungen findest du auf S. 222.

(V) Die Relation $\subset$ (echte Teilmenge)

Bei ihren Spielen mit Mengen wollten die Zahlen immer mal wieder den Fall ausschließen, dass eine Menge M als Teilmenge von sich selbst zugelassen wird. So erfanden sie ein neues Zeichen. Sie entfernten von $\subseteq$ den Unterstrich (der ja an die Gleichheit erinnert) und nannten das neue Zeichen $\subset$ *echte Teilmenge*.

Es gilt folgende Definition: Eine Menge A heißt **echte Teilmenge** einer Menge B, wenn jede Zahl aus A auch zu B gehört und wenn nicht jede Zahl aus B auch zu A gehört.

Das Zeichen $\subset$ erlaubt einfach eine Teilmenge weniger als $\subseteq$. Das ist ganz ähnlich wie mit $<$ und $\leq$.

Zur Verdeutlichung ein Beispiel:

Die Aussagen $\{1\} \subseteq \{1; 2\}$ und $\{1; 2,\} \subseteq \{1; 2\}$ sind beide wahr. $\{1\} \subset \{1; 2\}$ ist ebenfalls wahr; $\{1; 2\} \subset \{1; 2\}$ dagegen nicht.

(VI) Die Relation $\supseteq$ (Obermenge) und

(VII) Die Relation $\supset$ (echte Obermenge)

Mit den Obermengen einer Menge brauchen wir uns nicht lange aufzuhalten. Die Bedeutung von $\supseteq$ und $\supset$ ist schnell erklärt:

B $\supseteq$ A (B **Obermenge** von A) bedeutet dasselbe wie A $\subseteq$ B.

B $\supset$ A (B **echte Obermenge** von A) bedeutet dasselbe wie A $\subset$ B.

Ein Beispiel: Es gilt $\{4; 3; 11\} \supset \{4; 3\}$, weil $\{4; 3\} \subset \{4; 3; 11\}$;

und $\{1; 7\} \supseteq \{7\}$, weil $\{7\} \subseteq \{1; 7\}$.

Ich denke, dass du jetzt genügend vorbereitet bist für Relationsspiele von Mengen.

Doch vielleicht empfiehlt sich vor dem Spielen noch eine Zusammenfassung der neuen Definitionen:

Definitionen
Def. 19: Zwei Mengen heißen **gleich** (A = B), wenn sie die gleichen Zahlen enthalten, wobei die Reihenfolge der Zahlen keine Rolle spielt.
Def. 20: Zwei Mengen heißen **ungleich** (A $\neq$ B), wenn sie nicht gleich sind.
Def.21: Zwei Mengen heißen **gleichmächtig** (A $\cong$ B), wenn die Anzahl ihrer Zahlen gleich ist.
Def. 22: A heißt **Teilmenge** von B (A $\subseteq$ B), wenn jede Zahl aus A auch zu B gehört.
Def. 23: A heißt **echte Teilmenge** von B (A $\subset$ B), wenn jede Zahl aus A auch zu B gehört und wenn nicht jede Zahl aus B auch zu A gehört.
Def. 24: B heißt **Obermenge** von A (B $\supseteq$ A), falls A $\subseteq$ B.
Def. 25: B heißt **(echte) Obermenge** von A (B $\supset$ A), falls A $\subset$ B.

Und nun zu den auf Seite 121 angekündigten Spielen. Die zehn vorgegebenen Mengen und die sieben vorgegebenen Relationen waren:

C = {1; 2; 3; 4; 5}   D = {7; 8; 9}

E = {7}   F = {6; 7; 8; 9; 10}

H = {3; 2; 1}   I = {7; 10}

J = {2; 3}   L = {1}

M = {1; 2; 3}   R = {5; 2; 3}.

und

=	≠	≅	⊆	⊂	⊇	⊃

Die Zahlen spielten siebenmal das Spiel *Paarwettlauf*. Und zwar wurden nacheinander die sieben Relationszeichen in die Mitte gelegt, und alle Paare von Mengen, zwischen die das Zeichen passte, stellten sich - nacheinander - in die beiden äußeren Leerstellen. Es ging nicht um die Wette; Punkte wurden für die Richtigkeit der Auswahl der Mengen vergeben.

Hier die Ergebnisse für die Relationen = und ≠ :

1) Für □ = □ gibt es nur zwei Möglichkeiten; nämlich H = M und M = H. (oder: {3; 2; 1} = {1; 2; 3} und {1; 2; 3} = {3; 2; 1}) und acht Möglichkeiten mit gleichen Mengen: C = C, D = D usw.

2) Für □ ≠ □ kommen alle anderen Mengenpaare in Frage. Ich denke, dass wir uns die Aufzählung sparen können.

Übungen:

(37) Gib von den zehn Mengen oben auf der Seite alle möglichen Paare für □ ≅ □ mit verschiedenen Mengen an (es gibt 18 Paare).

(38) Gib alle möglichen Paare für □ ⊂ □ an (es gibt 15 Paare).

Die Lösungen findest du auf S. 222f.

5.3 Eigenschaften von Relationen

Einige Tage nach dem Ende der Relationsspiel-Woche bekam ich unerwarteten Besuch. Es war die 888. Sie galt als scheu und zurückhaltend und war auch noch nie bei mir gewesen. So war ich ziemlich gespannt zu erfahren, weshalb sie kam. Ich brauchte nicht lange zu warten. Nach einer knappen Begrüßung kam sie gleich zur Sache:

„Hast du schon mal vom ‚Aufstand der Relationen' gehört?" fragte sie. „Er fand vor vielen, vielen Jahren statt, kurz nach Beginn der Regierungszeit unseres verehrten Königs." - Als ich verneinte, entgegnete sie fast ein wenig keck: „Das hab' ich mir doch gleich gedacht! Dann geh ich schnell und bring dir das Buch."
Und schon war sie zur Tür hinaus.

Ich überlegte noch, ob sie wohl das *Buch der Definitionen* oder das *Buch der Sätze* gemeint hatte, als sie schon wieder zurückkam. Nein, das war keins von beiden; das war ja noch dicker! – „Uff!" stöhnte die 888. „Ziemlich schwer, unser *Buch der Geschichte.*" - Und erschöpft ließ sie sich in meinen bequemsten Sessel fallen. -

Ich hatte gerade im Inhaltsverzeichnis das Kapitel *Aufstand der Relationen* gefunden, als die 888 plötzlich aufsprang, mir das Buch vor der Nase zuklappte, sich draufsetzte und sagte: „Eigentlich Blödsinn, wenn du das liest. Diesen Artikel habe *ich* nämlich geschrieben! Da kann ich dir doch besser erzählen, was damals passiert ist. Ich war ja dabei! Als einzige Augenzeugin!" - Da ich sowieso keine Wahl hatte, erklärte ich mich einverstanden, ihr zuzuhören. Obwohl ich auch gern in Ruhe gelesen hätte. Und außerdem fragte ich mich, warum sie dann das dicke Buch eigentlich hergeschleppt hatte. Aber sie war wohl einfach stolz darauf, einen Artikel geschrieben zu haben. Und das wollte sie mir auf diese Weise zeigen.-

Ehe ich mir noch einen Kaffee machen konnte, legte die 888 los und redete und redete. Aber eins musste ich ihr lassen: Es war spannend. Deshalb möchte ich dir ihre Geschichte nicht vorenthalten.

Dies hat die 888 mir erzählt:

„Es geschah an einem Freitag. Das weiß ich deshalb so genau, weil bei uns zu Hause der Freitag Bade- und Reinigungstag war. Da mussten alle Ziffern so lange geputzt werden, bis sie vor Sauberkeit blitzten. Und das hatte ich nicht so gern, bei meinen Ziffern ja auch verständlich. Du glaubst gar nicht, wie furchtbar es ist, Schaum in die Löcher zu bekommen! - Kurz und gut, an jenem Freitag beschloss ich, nach dem Spielen nicht nach Hause zu gehen. Ich versteckte mich hinter den beiden Kisten mit Relationszeichen, die noch auf dem Spielfeld standen. Da niemand nach mir suchte, wurde es bald ziemlich langweilig. - So war ich heilfroh, als sich plötzlich beide Kisten öffneten. Die Relationszeichen krabbelten eins nach dem anderen heraus und stellten sich draußen folgendermaßen auf (sie nannten es übrigens einen Kreis):

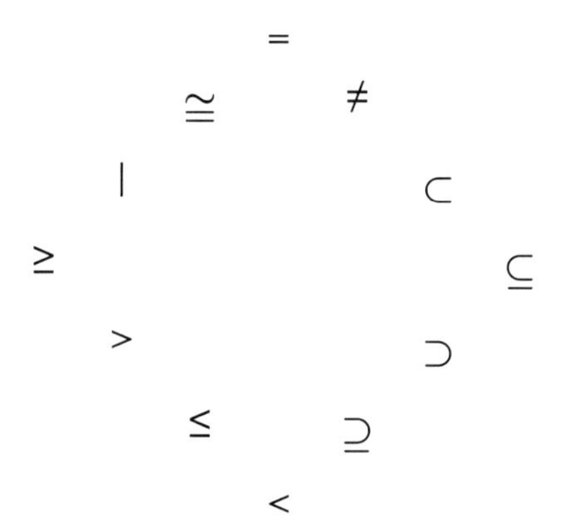

Das Gleichheitszeichen begann - zum Glück sprach es so laut dass ich alles verstehen konnte: ‚Ich habe diese Versammlung einberufen, weil ich der Meinung bin, dass unser Leben hier im Zahlenland nicht mehr erträglich ist! Wir sind die unwichtigsten Bewohner hier. Die meiste Zeit unseres Lebens verbringen wir in einer dunklen Kiste. Bei Relationsspielen werden wir zwar mal herausgenommen und auf eine Leerstelle gelegt. Aber niemand beachtet uns! Alle Aufmerksamkeit gilt den Zahlen oder Mengen, die zu den beiden äußeren Leerstellen laufen. Und am Ende heißt es stets: ‚Ab in die Kiste!‘

Aber, was das Allerschlimmste ist, das habe ich noch gar nicht erwähnt: Wir haben überhaupt keine Eigenschaften!! Jede Zahl ist entweder gerade oder ungerade, sie kann eine Quadratzahl sein oder eine Primzahl und vieles andere mehr!

Unseren Verwandten, den Verknüpfungen, geht es in gewisser Hinsicht ähnlich wie uns. Trotzdem sind sie noch besser dran als wir: Sie haben wenigstens Eigenschaften! Eine Verknüpfung kann kommutativ sein oder nicht, sie kann assoziativ sein oder nicht, um nur die beiden bekanntesten Eigenschaften zu nennen.'

Hier machte das Gleichheitszeichen eine Pause. Die anderen Zeichen nickten und gaben ihm damit zu verstehen, wie recht es hatte.

Derart ermutigt fuhr es fort mit seiner Ansprache: ‚Ich schlage vor, dass wir noch heute Nacht verschwinden! Wir lassen den Zahlen folgende Botschaft da‘ - bei diesen Worten zog es einen Zettel zwischen beiden Strichen hervor und las:

> An alle Zahlen!
>
> Wir Relationen verlassen euch und sind
> erst dann bereit zurückzukehren,
> wenn ihr euch bereit erklärt,
> unser Leben angenehmer zu gestalten.
> Die Relationen.

Das Gleichheitszeichen steckte den Zettel weg und wandte sich erneut an die anderen: ‚So etwas nennt man, glaube ich, einen *Aufstand.* Das wär doch mal was, ein *Aufstand der Relationen.* Das gab es jedenfalls noch nie!‘

- Die Relationen schienen sehr beeindruckt zu sein. Jedenfalls dauerte es ziemlich lange, bis sich die erste zu Wort meldete. Es war $\leq$, das Kleiner-gleich-Zeichen. ‚Was du über unser Leben gesagt hat, finde ich richtig‘, wandte es sich an das Gleichheitszeichen. ‚Aber mit den fehlenden Eigenschaften bin ich nicht einverstanden. Ich bin nicht der Meinung, dass wir keine Eigenschaften haben! Uns fehlen nur Namen dafür. Ich zeige euch am besten an einem Beispiel, was ich meine. Ich, die Kleiner-gleich-Relation habe eine Eigenschaft, auf die ich sehr stolz bin: Beim Paarwettlauf darf jede Zahl sich selbst mitbringen, wenn ich in der Mitte liege. $3 \leq 3$ ist wahr, $5 \leq 5$ ist wahr; kurz, für alle natürlichen Zahlen a gilt: gilt: $\mathbf{a \leq a}$ ist wahr.

Wenn das keine Eigenschaft ist!‘-

‚Das Kleiner-gleich-Zeichen hat ganz recht mit dem, was es über die Eigenschaften gesagt hat,‘ ließ sich das Ungleich-Zeichen hören. ‚Was mich angeht, so habe ich zwar die eben genannte Eigenschaft nicht. Im Gegenteil. Keine einzige Zahl darf sich bei mir selbst mitbringen. $\mathbf{a \neq a}$ ist falsch für jede natürliche Zahl a. Aber das ist für mich noch lange kein Grund zum Verzweifeln. Ich habe eben eine andere Eigenschaft. Und die kann sich auch sehen lassen: Wenn beim Paarwettlauf ein Paar losrennt, dann braucht es sich nicht zu überlegen, wer sich auf welche der beiden Leerstellen stellt. Wenn eine der beiden Möglichkeiten wahr ist, dann ist es auch die andere. Zum Beispiel stimmt beides: 5 $\neq$ 3 und 3 $\neq$ 5. Und das gilt für jedes passende Zahlenpaar. Ich darf also behaupten: Wenn **a ≠ b** wahr ist, dann ist auch **b ≠ a** wahr. Und das gilt für alle a und b aus **N**. - Ich denke, dass ich stolz sein kann auf diese Eigenschaft!‘ Und damit beendete das Ungleich-Zeichen seine Ausführungen.

Danach schwiegen die Relationen längere Zeit. Ich vermutete, dass jede den Ehrgeiz hatte, als nächste eine neue Eigenschaft herauszufinden. Dem Kleiner-Zeichen gelang es als erstem. ‚Leider‘, begann es, ‚habe ich weder die erste noch die zweite der genannten Eigenschaften. Für jede Zahl a ist **a < a** falsch. Beim Paarwettlauf darf also keine Zahl sich selber mitbringen. Und wenn für zwei Zahlen a und b die Aussage **a < b** wahr ist, dann ist **b < a** mit Sicherheit falsch. Das heißt, dass bei mir jedes Paar genau darauf achten muss, auf welche der Leerstellen sich die beiden Zahlen stellen. - Aber, ist das ein Grund, traurig zu sein? Nein! Denn auch ich habe eine imponierende Eigenschaft. Allerdings ist sie etwas schwerer zu beschreiben als die anderen. Daher beginne ich mit einem Beispiel:

Stellt euch vor, auf dem Spielfeld ist die übliche Leerstellenanordnung dreimal nebeneinander aufgebaut. Und jedes Mal liege ich in der Mitte. Das sieht dann etwa so aus:

	<	

	<	

	<	

Stellt euch weiter vor, dass die ersten vier Leerstellen besetzt sind, und zwar so, dass an zweiter und dritter Stelle dieselbe Zahl steht. Das könnte zum Beispiel so aussehen:

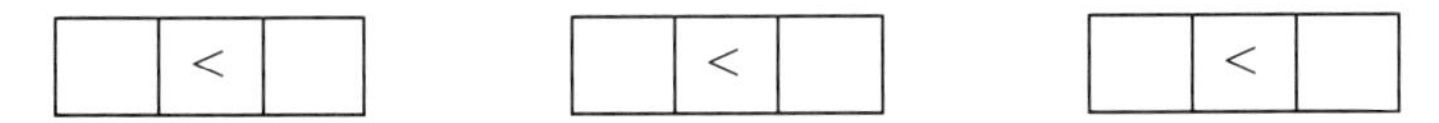

Natürlich müssen beide Aussagen wahr sein. Aber das versteht sich ja wohl von selbst!

So, und nun kommt meine Eigenschaft: Die beiden äußeren Zahlen können sich zu einem neuen Paar zusammentun und auf die letzten beiden Leerstellen stellen. $7 < 14$ ist auch wahr!

Ein weiteres Beispiel: Aus $11 < 17$ und $17 < 41$ folgt: $11 < 41$.

Mit Platzhaltern könnte man dies folgendermaßen formulieren: Wenn für drei Zahlen a, b und c gilt: $\mathbf{a} < \mathbf{b}$ ist wahr und $\mathbf{b} < \mathbf{c}$ ist wahr, dann ist auch $\mathbf{a} < \mathbf{c}$ wahr.'

Das Kleiner-Zeichen schwieg. Es wusste, dass es Eindruck gemacht hatte.

,Cool! Einfach cool!' - Die Relation $\supseteq$ sprach aus, was alle dachten. ,Ich bin total begeistert von eurem Einfallsreichtum,' fuhr sie fort. ,Aber ich habe eine Bitte. Könnten wir nicht für eine Weile damit aufhören, neue Eigenschaften zu formulieren und uns stattdessen erst einmal genauer mit den drei genannten beschäftigen? Vielleicht sollte sich jede von uns die Frage stellen, welche dieser Eigenschaften sie hat und welche nicht.'

Als alle Relationen zustimmend nickten, fuhr sie fort: ,Hier noch einmal die drei Eigenschaften:

(1): Jede Zahl darf sich auf beide Leerstellen stellen.

(2): Zwei Zahlen, die zu Recht auf beiden Leerstellen stehen, dürfen ihre Plätze tauschen.

(3): Wenn	a		b	und	b		c	, dann	a		c

Danach tauschten sich die Relationen über ihre jeweiligen Eigenschaften aus.

Relation $\supseteq$ begann: ,Ich habe Eigenschaft (1). $A \supseteq A$ ist wahr für jede Menge. Dafür sorgt der Strich in meinem Zeichen.

Eigenschaft 2 habe ich nicht, wie ihr leicht an folgendem Beispiel seht: $\{1; 2; 3\} \supseteq \{1; 2\}$ ist wahr, aber $\{1; 2\} \supseteq \{1; 2; 3\}$ ist falsch. Bei mir dürfen zwei Mengen also nicht einfach die Plätze tauschen.

Bei Eigenschaft 3 vermute ich sehr stark, dass ich sie habe. Ich habe es an etlichen Beispielen ausprobiert, und bisher hat es immer geklappt. Nehmen wir die drei Mengen $\{1; 2; 3\}$, $\{1; 2\}$und $\{1\}$. Hier gilt: $\{1; 2; 3\} \supseteq \{1; 2\}$ ist wahr, und $\{1; 2\} \supseteq \{1\}$ ist wahr und $\{1; 2; 3\} \supseteq \{1\}$ ist auch wahr!

- Aber natürlich müsste ich euch noch beweisen, dass ich die Eigenschaft 3 für alle in Frage kommenden Mengen habe.'

‚Das ist genial' rief das Größer-gleich-Zeichen ganz aufgeregt. ‚Alles, was du eben gesagt hast, gilt auch für mich. Natürlich muss ich Zahlen statt Mengen nehmen, aber das ändert ja nichts an meinen Eigenschaften. Ich habe ja schon immer gewusst, dass wir beide uns sehr ähnlich sind.' - Und es umarmte das $\supseteq$-Zeichen so stürmisch, dass sich die beiden Zeichen fast ineinander verhakt hätten.

Gerade wollte das $|$-Zeichen mit der Aufzählung seiner Eigenschaften beginnen, als das $\cong$ - Zeichen es unterbrach. ‚Entschuldige bitte, aber ich wollte einen Vorschlag machen. Ich denke, wir sollten jetzt erst einmal passende Namen finden für diese drei Eigenschaften. Dann können wir doch besser über sie reden.'

Als niemand widersprach, fuhr sie fort: ‚Wir sollten unbedingt lateinische Namen nehmen, das klingt so vornehm! Und da ich hier wohl die einzige Relation mit Lateinkenntnissen bin, habe ich mir bereits drei Namen ausgedacht:

Für Eigenschaft 1 schlage ich die Bezeichnung *reflexiv* vor,

für Eigenschaft 2 die Bezeichnung *symmetrisch* und

für Eigenschaft 3 die Bezeichnung *transitiv.*

Zur Bedeutung dieser Wörter äußere ich mich gern später einmal.' Alle Relationen waren begeistert. Sie nannten diese Namen ‚vornehm', ‚wohlklingend' und ‚aussagekräftig'. So wurden sie einstimmig angenommen.

Danach trat das Gleichheitszeichen in die Mitte: ‚Wir müssen die von mir vorgeschlagene Botschaft an die Zahlen ändern', sprach sie, holte den Zettel hervor und zerriss ihn.

‚Die Situation hat sich geändert. Wir sollten die Zahlen zwingen, unsere neuen Bezeichnungen in das *Buch der Definitionen* zu übernehmen.‘

Das leuchtete allen ein. - Eine Weile konnte ich nichts mehr hören. Ich sah, wie die Relationen ein großes Plakat beschrieben und es anschließend an eine der Kisten klebten. ‚Ich bin neugierig, welche Zahl es zuerst entdeckt‘, hörte ich das Kleiner-Zeichen gerade noch sagen. Dann waren die Relationen verschwunden.“ - Die 888 holte kurz Luft, redete aber gleich weiter: „Ich wusste sofort, dass ich diese erste Zahl sein würde und kam aus meinem Versteck. Ich war ja so neugierig auf das Plakat! Ich las:

> An alle Zahlen!
>
> Wir Relationen verlassen euch und sind erst dann bereit, zurückzukehren, wenn ihr euch bereit erklärt, folgende Bezeichnungen ins ‚Buch der Definitionen‘ zu übernehmen:
>
> (1) Eine Relation R heißt **reflexiv,** wenn sich jede Zahl auf beide Leerstellen stellen darf, das heißt, wenn a R a für jede Zahl wahr ist.
>
> (2) Eine Relation R heißt **symmetrisch,** wenn jedes Zahlenpaar seine Plätze vertauschen darf, das heißt, wenn für alle Zahlen a und b folgendes gilt: Wenn a R b wahr ist, dann ist auch b R a wahr.
>
> (3) Eine Relation R heißt **transitiv,** wenn folgendes gilt:
>
> Wenn für drei Zahlen a, b, c die Aussagen a R b und b R c wahr sind, dann ist auch a R c wahr.
>
> Entsprechendes gilt für die Relationen zwischen Mengen.
>
> Die Relationen

Ich nahm das Plakat über Nacht mit nach Hause. Am nächsten Morgen ließ ich mich in aller Frühe beim König melden. Zum Glück hatte er gut geschlafen. Nachdem er das Plakat gelesen hatte, ließ er sich das *Buch der Definitionen* bringen und schrieb die Vorschläge der Relationen eigenhändig ein. Mich, die 888, schickte er als Botschafter mit einem neuen Plakat zum Spielfeld. Darauf stand:

An alle Relationen

Wir sind einverstanden!

Die Zahlen

Am nächsten Tag waren alle Relationszeichen wieder da! Das war die Geschichte vom *Aufstand der Relationen*." Und damit beendete die 888 ihre Erzählung.
Ich hoffe, dass sie dir gefallen hat. Und ich nehme an, dass du jetzt unbedingt untersuchen willst, welche der Relationen welche der drei Eigenschaften hat.

Übung

(39) Kennzeichne in der folgenden Tabelle durch ein + oder ein – , ob eine Relation die genannte Eigenschaft hat oder nicht.
(Einiges hat die 888 in ihrer Geschichte ja schon verraten.)
r steht für reflexiv, s steht für symmetrisch, t steht für transitiv.

Relation	**r**	**s**	**t**	**Relation**	r	s	t
$=$				$>$			
$\neq$				$\subset$			
$\cong$				$\subseteq$			
$<$				$\supset$			
$\leq$				$\supseteq$			
$\geq$				$\mid$			

Die Lösungen findest du auf S. 223.

Hier noch einmal die neuen Definitionen:

Def.26: Eine Relation □ heißt **reflexiv,** wenn für alle Zahlen a gilt: a □ a ist wahr.
Def.27: Eine Relation heißt **symmetrisch,** wenn für alle Zahlen a und b gilt: Wenn a □ b wahr ist, dann ist auch b □ a wahr
Def.28: Eine Relation R heißt **transitiv,** wenn für alle Zahlen a, b und c gilt: Wenn a □ b und b □ c wahr sind, dann ist auch a □ c wahr.

Kapitel 6: Lösungsmengenspiele - Gleichungen, Ungleichungen

6.1 Die Zahlenwaage

Eines Morgens wurde ich ziemlich unsanft aus dem Schlaf gerissen. Ich hatte das Gefühl, mit meinem Bett mitten auf einer Baustelle zu stehen - so laut war das Sägen, Hämmern und Klopfen.

Ob die Zahlen neue Häuser bauten? Oder alte abrissen? Aber - das hatte ich bald festgestellt -, der Lärm kam vom Spielplatz! Und dort standen keine Häuser. Und überhaupt, was gab es auf dem Spielplatz zu bauen? - Oder hatten sich die Zahlen neue Spiele ausgedacht?

Auf jeden Fall hatte ich es plötzlich sehr eilig mit dem Aufstehen. Neugierde ist ja bekanntlich stärker als Müdigkeit. Ich wollte mich gerade auf den Weg machen, als es an der Haustür klopfte.

Es war die 24. 2Ich komme, um dich abzuholen“, begrüßte sie mich. „Heute ist nämlich einiges los auf dem Spielplatz! Wir bauen unsere Waage wieder auf. Unsere Waage für Lösungsmengenspiele. Das ist immer ein besonderes Ereignis für uns. Weil wir diese Waage so mögen! Und ich bin sicher, dass auch du von ihr ganz begeistert sein wirst!“ - Als wir kurze Zeit später auf dem Spielplatz ankamen, staunte ich wirklich nicht schlecht: So großartig hatte ich mir die angekündigte Waage beim besten Willen nicht vorgestellt. Sie leuchtete in den verschiedensten Farben und sah aus wie eine Wippe für Riesen - mit einer Art Plattform auf jeder Seite. Darauf mussten - wie mir die 24 erklärte - ganze Zahlenterme Platz haben.

Offenbar waren wir gerade zur rechten Zeit gekommen. Der Aufbau war beendet; in ungefähr zehn Minuten sollten die Spiele beginnen. - „Dann könntest du mir ja schnell noch erklären, wie eure Waage funktioniert“, bat ich die 24. „Gern“, antwortete sie. „Das ist leicht zu beschreiben und ebenso leicht zu verstehen:

Bei unseren Spielen befinden sich auf beiden Plattformen oder Waagschalen Zahlenterme. - Natürlich gelten auch einzelne Zahlen als Term. - Haben beide Terme denselben Wert, so stehen beide Waagschalen auf gleicher Höhe.

Das ist zum Beispiel bei den Termen $3 \cdot 2$ und $5 + 1$ der Fall; denn es gilt: $3 \cdot 2 = 5 + 1$.

Sind die Werte der Terme verschieden, so geht die Waagschale mit dem größeren Wert nach unten. Das wäre zum Beispiel bei den Termen $3 \cdot 2$ und $3 + 1$ der Fall. Die Waagschale mit $3 \cdot 2$ würde nach unten gehen, denn es gilt: $3 \cdot 2 > 3 + 1$.

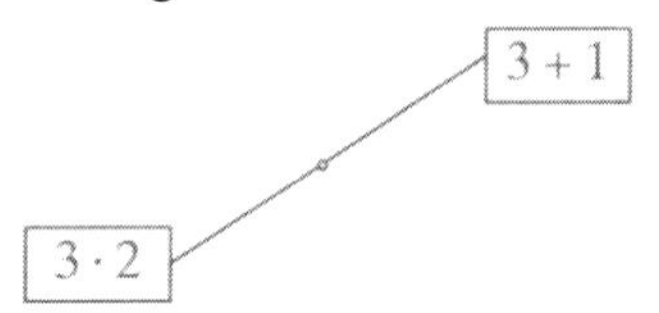

Jetzt verstehst du sicher auch, weshalb wir dieses Gerät *Waage* nennen, obwohl es eher wie eine Wippe aussieht: die Zahlen werden sozusagen gewogen; die größere Zahl ist die ‚schwerere‘.“

Ich musste der 24 Recht geben. Die Waage war wirklich leicht zu verstehen. - Doch trotzdem gelang es mir nicht, mir interessante Spiele mit dieser Waage vorzustellen. Sicher, man konnte zwei Zahlen oder zwei Zahlenterme der Größe nach miteinander vergleichen. Aber das war doch hoffentlich nicht alles! - Ich beschloss, die 24 nach den beliebtesten Waage-Spielen zu fragen. Aber dazu sollte ich nicht mehr kommen. Es ertönte nämlich plötzlich ein Pfiff, und augenblicklich wurde es unter den Zahlen so mucksmäuschenstill, dass auch ich nicht zu sprechen wagte. (‚So müsste ich auch pfeifen können, in der Schule, am Stundenbeginn', dachte ich etwas neidisch.) -

Wie alle Zahlen blickte auch ich zum Rednerpult hinüber. Dort stand die 0. Sie blickte strahlend in die Runde, holte tief Luft und begann mit ihrer Rede:

„Liebe Zahlen! Lieber Gast aus dem Menschenland!

Ich bin glücklich, dass es wieder einmal so weit ist: die diesjährigen Zahlenwaage-Spiel-Tage können beginnen! Da diese Spiele nur einmal im Jahr stattfinden, freue ich mich ganz besonders für dich, dass du dabei sein kannst!" Bei diesen Worten kam die 0 doch tatsächlich zu mir herüber und begrüßte mich! Dann ging sie wieder an das Rednerpult und setzte ihre Rede fort: „Da ich sehe, dass ihr alle vor Ungeduld kaum zuhören könnt, möchte ich nur noch das Programm für die nächsten Tage bekanntgeben. Anschließend darf gespielt werden.

Es werden an folgenden Tagen folgende Spiele stattfinden:

Heute das *Gleichgewichtsspiel*."- „Hurra", brüllten die Zahlen.

„Morgen das *Lösungsmengenspiel für Gleichungen*." - „Hurra, hurra", brüllten die Zahlen.

„Und übermorgen das *Lösungsmengenspiel für Ungleichungen*." - „Hurra, hurra, hurra", brüllten die Zahlen.

- Ich glaube, dass ich damals zum ersten Mal mit dem Gedanken spielte, mich ins Zahlenland versetzen zu lassen. In meiner Schule jedenfalls hatten die Schüler noch nie ‚hurra' geschrien, wenn ich Gleichungen oder Ungleichungen ankündigte.-

Als die Zahlen sich einigermaßen beruhigt hatten, ergriff die 0 noch einmal das Wort: „Für alle, die im letzten Jahr nicht dabei waren, möchte ich das Gleichgewichtsspiel noch einmal erklären," begann sie. Das gefiel mir natürlich gut, und ich hörte interessiert zu, als sie weiterredete. „Für jede Spielrunde wählt der Spielleiter einige Zahlen aus. Diese Zahlen sind die Bausteine, aus denen ihr - mit den üblichen Zahlenverknüpfungen - Terme bilden sollt. Dabei ist darauf zu achten, dass in jedem Term jede der vorgegebenen Zahlen höchstens einmal vorkommen darf. Für die folgende Spielrunde wähle ich als Spielleiter die Zahlen 1; 2; 3; 4: 5 und 6 aus. Kommt bitte nach vorn und stellt euch vor die linke Waagschale."

- Nachdem die aufgerufenen Zahlen die Anweisung der 0 befolgt hatten, fuhr diese fort: „Als nächstes benennt der Spielleiter eine weitere Zahl. Sie wird gebeten, sich in die rechte Waagschale zu stellen. Für das erste Spiel wähle ich die 12 aus.“ - Die 12 sprang so schwungvoll in die Waagschale, dass sie ziemlich unsanft auf dem Boden aufprallte. Nachdem die 0 sicher war, dass die 12 sich keine Ziffer gebrochen hatte, wandte sie sich wieder an die Zahlen: „So, jetzt beginnt eure Arbeit! Es geht darum, möglichst schnell aus den vorgegebenen Zahlen einen Term zusammenzusetzen, der den Wert 12 hat. Jeder Vorschlag wird an der Waage geprüft: Der neue Term kommt in die linke Waagschale. Stehen beide Schalen auf gleicher Höhe, war der Vorschlag richtig, und der ‚Erfinder‘ bekommt einen Punkt. Für unser Beispiel gäbe es mehrere Möglichkeiten: $3 \cdot 4$ oder $6 \cdot 2$ oder $6 + 5 + 1$ oder $5^2 - 6 - (4 + 3)$. Denn jeder dieser Terme hat den Wert 12. Der Term $6 + 3 + 3$ dagegen ist nicht zulässig, obwohl auch er den Wert 12 hat. In ihm kommt die Zahl 3 doppelt vor, und das ist verboten. - Bei einem nicht zulässigen Term oder wenn die Waagschalen nicht gleich schwer sind, bekommt der ‚Erfinder‘ einen Minuspunkt.“

Mittlerweile war es unter den Zahlen etwas unruhig geworden. Sie wollten nun endlich mit dem Spielen anfangen.

In der ersten Runde blieben die Zahlen 1; 2; 3; 4; 5 und 6 als Bausteine neben der Waage stehen. Die vorgegebenen Zahlen in der rechten Waagschale waren der Reihe nach 24; 70; 44; 50: 250; 81; 37 und 156.

Folgende Terme standen jeweils als erste auf der Waagschale:

der Term $6 \cdot (3 + 1)$ für die Zahl 24,

der Term $2 \cdot 5 \cdot (3 + 4)$ für die Zahl 70,

der Term $4 \cdot (5 + 6)$ für die Zahl 44,

der Term $5 \cdot (6 + 4)$ für die Zahl 50,

der Term $5^3 \cdot 2$ für die Zahl 250,

der Term 3^4 für die Zahl 81,

der Term $2^3 \cdot 4 + 5$ für die Zahl 37,

der Term $(1 \cdot 2 \cdot 3 + 4 \cdot 5) \cdot 6$ für die Zahl 156.

(Der letzte Term bekam besonders viel Beifall, weil in ihm alle vorgegebenen Zahlen vorkamen,)

Übung

(40)

a) Bilde aus den Bausteinen 3; 4; 5; 6 und 7 Terme mit folgenden Werten: 62; 60; 35; 77; 14; 26; 22 und 0.

b) Bilde aus den Bausteinen 2; 4; 6; 8 und 10 Terme mit folgenden Werten: 9; 11 und 13.

Vielleicht findest du für einige Aufgaben sogar mehr als einen Term.

Lösungsvorschläge findest du auf S. 223.

- Die Zahlen spielten noch sehr lange an jenem Tag. Sie baten immer wieder um Spielverlängerung. Erst als die 0 sie daran erinnerte, dass sie am nächsten Tag doch ausgeschlafen sein müssten für die Lösungsmengenspiele, gingen sie freiwillig nach Hause.

6.2 Gleichungen

6.2.1 Die Zahl in der Kiste

Als wir am nächsten Morgen auf dem Spielplatz ankamen - die 24 hatte mich wieder abgeholt -, staunte ich nicht schlecht über das Durcheinander, das dort herrschte.

Die Waage war ununterbrochen in Bewegung, weil ständig irgendwelche Zahlen auf- oder absprangen. Aber nicht nur das. Bei näherem Hinsehen entdeckte ich auf jeder Waagschale eine Holzkiste; und offensichtlich war es das Ziel jeder Zahl, einmal in dieser Kiste zu sitzen und alle anderen daraus zu verdrängen.

Es war so laut, dass ich richtig schreien musste, als ich die 24 fragen wollte, ob das etwa die angekündigten Lösungsmengenspiele für Gleichungen sein sollten. „Quatsch“, schrie sie zurück, „die Zahlen toben sich nur aus. Ich glaube, ich sollte da auch noch ein wenig mitmachen!“ - Und weg war sie.

- Ich wollte mich gerade erkundigen, wann die eigentlichen Spiele beginnen sollten, als die 1 auf mich zukam. „Guten Morgen! Ich hoffe, du hast gut geschlafen“, begrüßte sie mich höflich und fuhr ohne Pause fort: „Da ich heute die Spielleiterin bin, möchte ich dir gern einige Erklärungen zu den Lösungsmengenspielen für Gleichungen geben. Jetzt passt es mir sehr gut, denn die Zahlen sind froh, wenn ich ihnen noch ein wenig Zeit zum Turnen lasse.“ – „Danke“, antwortete ich erfreut. „Dann würde ich gern wissen, welche Bedeutung diese beiden Holzkisten haben.“ – „Da fragst du gleich nach dem Wichtigsten“, lobte mich die 1. „Allerdings werden wir bei den meisten Spielen nur die linke der beiden Kisten benutzen. Dann wird die andere Kiste nach hinten geschoben; wegen des Gleichgewichts können wir sie ja nicht einfach von der Waage nehmen.

Und nun zu den Spielregeln! Wie bei jedem Spiel ist auch bei den heutigen Spielen der Spielleiter sehr, sehr wichtig! Er muss die Waage vorbereiten. Dabei hat er zwei Möglichkeiten zur Auswahl. Die erste Möglichkeit ist folgende: Der Spielleiter stellt auf jeder Waagschale einen Zahlenterm zusammen. Beide Terme müssen denselben Wert haben, das heißt, dass sich die Waagschalen auf gleicher Höhe befinden müssen. Das Entscheidende ist nun, dass eine der Zahlen aus dem linken Term unsichtbar ist. Sie sitzt in der Kiste.

Es könnte also zum Beispiel einmal so aussehen auf unserer Waage:

Vielleicht wunderst du dich über die Aufschrift ‚x‘ auf der Kiste. Dieses x ist sozusagen der Deckname für die versteckte Zahl.

Wenn der Spielleiter mit der Anordnung der Terme fertig ist, liest er noch einmal vor, was auf der Waage zu sehen ist.

Im Beispiel oben würde der Spielleiter also rufen: „x + 11 = 3 · 12“.*

Das ist gleichzeitig der Spielbeginn. Nun geht es für die Mitspieler darum herauszufinden, welche Zahl in der Kiste sitzt. Wer sie als erster nennt, bekommt einen Spielpunkt. - Für unser Beispiel wäre die gesuchte Zahl offensichtlich die 25, denn es gilt: 25 + 11 = 3 · 12. Die Richtigkeit einer Antwort kann natürlich sehr leicht überprüft werden, nämlich durch Öffnen der Kiste.“ - „Und wie kann man die gesuchte Zahl finden?“ wollte ich wissen. „Das kommt ganz auf die Aufgabe an“, antwortete die 1. „Manchmal weiß man die Lösung schon beim ersten Hinsehen - zum Beispiel bei

Manchmal muss man aber auch mehr tun, etwa bei

(3 · x − 15) · 3 —— 10 + 8 .

Doch davon später! - Zunächst einmal sollst du noch die zweite Möglichkeit für den Spielaufbau kennenlernen: Der Spielleiter kann die Kiste auch einfach leer lassen. (Dann steht die Waage natürlich nicht im Gleichgewicht.) Wie bei der ersten Möglichkeit liest er die Terme auf beiden Waagschalen vor. Und wieder geht es darum, die richtige Zahl zu finden. -

Der Unterschied zwischen beiden Möglichkeiten liegt eigentlich nur im Überprüfen der Lösungsvorschläge: Bei der zweiten Möglichkeit wird die Kiste nicht geöffnet, sondern die aufgerufene Zahl muss in die Kiste klettern. Steht die Waage danach im Gleichgewicht, war die Lösung richtig, andernfalls falsch.“ -

Hier wurde die 1 in ihrem Redeschwall von etlichen Zahlen unterbrochen, die endlich mit dem Spielen beginnen wollten. - Ich war ganz froh darüber.

* Das Gleichheitszeichen zwischen beiden Termen weist darauf hin, dass die Waage im Gleichgewicht steht.

Und da ging es auch schon los!

„x + 2 = 11", rief die 1. Prompt kam die Antwort: „9". Und das Öffnen der Kiste (offensichtlich hatte sich die 1 für die erste Möglichkeit entschieden) ergab, dass tatsächlich die 9 dort saß.

- Ebenso schnell ging es bei den folgenden Aufgaben:

$10 + x = 17$, $4 \cdot x = 44$, $x - 4 = 9$ und $5 : x = 5$.

Die Zahlen in der Kiste waren, der Reihe nach angegeben, die 7, die 11, die 13 und die 1. - Aber das hast du sicher auch selber herausgefunden!

Ich wollte gerade einen Kaffee trinken gehen, als es plötzlich so still wurde, dass ich mich doch noch einmal zur Waage umdrehte. Diesmal war sie nicht im Gleichgewicht - es saß also noch keine Zahl in der Kiste. Ich sah ‚7 + x' auf der linken Waagschale und ‚4' auf der rechten. - Stille. Kein Vorschlag.- Die 1 wartete noch eine Weile. Dann sprach sie: „Eigentlich habt ihr für euer Schweigen alle einen Punkt verdient! Diese Aufgabe hat nämlich keine Lösung!" – „Und ich weiß sogar, warum", rief die 112 dazwischen. „Wenn man nämlich zu 7 eine Zahl addiert, so kann nie 4 herauskommen, weil 4 doch kleiner ist als 7." – „Gut", lobte die 1. „Ich bin dafür, dass du den Punkt für diese Aufgabe bekommst." Alle waren einverstanden.

„Wenn wir schon bei ausgefallenen Aufgaben sind", fuhr die 1 fort, „dann möchte ich euch auch die folgende nicht vorenthalten." - Bei diesen Worten schob sie die Kiste auf der rechten Waagschale nach vorn. Auf der Waage war folgendes zu sehen:

„Bevor ihr mir Lösungsvorschläge macht", fing die 1 wieder zu reden an, „müsst ihr allerdings noch eines wissen: wenn bei einer Gleichung mehrere Kisten mit der Aufschrift ‚x' vorkommen, so muss in jeder dieser Kisten dieselbe Zahl sitzen . .:... Nun, wer hat eine Idee?"- „Ich", schrie die 3. „Ich selber bin die gesuchte Zahl. Denn es gilt: 3 = 3." - „Nein, ich!" Die 17 schrie noch lauter. „Ich bin die gesuchte Zahl. Denn es gilt: 17 = 17."

Es gab eine solche Aufregung, dass die 1 schließlich unterbrechen musste. „Wie ihr seht, haben wir hier einen Sonderfall. Bei der Aufgabe ‚x = x' kommt jede Zahl als Lösung in Frage!"-

Als die 1 danach eine etwas längere Pause ankündigte, ging ich schnell nach Hause. Ich wollte das Erlebte gleich aufschreiben.

Aber dazu sollte es nicht kommen. Ich hatte noch nicht einmal mein Schreibzeug geholt, als die 24 schon in der Tür stand, das *Buch der Definitionen* unter dem Arm. „Entschuldige bitte die Störung", begann sie. „Die 1 schickt mich. Ich soll dir einige Definitionen zeigen und gegebenenfalls erklären. Diese Definitionen wirst du nachher brauchen. Aber dafür fängst du besser ein neues Kapitel an." Na gut.

6.2.2 Grundmenge und Lösungsmenge von Gleichungen

„Mach' es dir erst einmal bequem", forderte die 24 mich auf. „Es kann sein, dass meine Erklärungen etwas länger dauern werden." ‚Schöne Aussichten!' dachte ich, und da musste ich auch schon wieder zuhören.

„Also, was eine Gleichung ist, hast du heute auf dem Spielplatz wohl oft genug gesehen. Immer, wenn zwei Zahlenterme, in denen auch eine Leerstelle (Kiste!) vorkommt, durch ein Gleichheitszeichen verbunden werden, entsteht eine Gleichung. Die Leerstelle übrigens wird meistens mit ‚x' gekennzeichnet. Beispiele für Gleichungen sind demnach:

$x = 11$; $3 \cdot x + 7 = 52$; $(x + 11 - 3) : 2 = 100$; $x + 5 = 3 \cdot x + 1$.

Hast du dazu noch eine Frage?" - Als ich verneinte, fuhr die 24 fort:

„Nun stellt sich bei einer Gleichung natürlich sofort die Frage, welche Zahlen man zum Einsetzen in die Leerstelle zur Verfügung hat. Das heißt bei unserem Waagespiel, welche Zahlen überhaupt in die Kiste krabbeln können. Du wirst jetzt wahrscheinlich denken, dass das doch immer alle natürlichen Zahlen sind. Das war auch vorhin auf dem Spielplatz der Fall. Aber das muss nicht bei jeder Gleichung so sein. Wir haben es so geregelt, dass die Spielleiterin vor jedem Spiel diese Zahlen bestimmt.

Diese Zahlen, die zum Einsetzen in die Leerstelle zur Verfügung stehen, bilden die **Grundmenge der Gleichung** - so nennen wir sie. Und wie bezeichnen sie mit G. In den meisten Fällen lässt der Spielleiter ganz **N** als Grundmenge zu."

Hier machte die 24 eine Pause. Ich glaube, sie wollte mir eine Gelegenheit zum Fragen geben. Doch als ich schwieg, fuhr sie fort: „Die Grundmenge ist eigentlich - das ist jedenfalls meine Meinung - nicht so sehr wichtig. Viel wichtiger ist die **Lösungsmenge einer Gleichung**, die wir mit L bezeichnen. Eine Zahl gehört zur Lösungsmenge einer Gleichung, wenn sie die Waage durch Hineinklettern in die Kiste ins Gleichgewicht bringt.

Nun wirst du dich wahrscheinlich fragen, weshalb wir von der **Lösungsmenge** und nicht einfach von der **Lösung** einer Gleichung sprechen, da es in den meisten Fällen doch nur eine Zahl gibt, die in der Kiste sitzen kann."

- Ich war erstaunt. Woher wusste die 24, was ich gerade sagen wollte? Aber da redete sie auch schon weiter: „Das mit der einen Zahl stimmt zwar für sehr viele Gleichungen - und dann heißt es zum Beispiel auch: ‚Die Lösung dieser Gleichung ist x = 4' - aber es stimmt doch nicht immer! Denk an die beiden Sonderfälle vorhin:

(1) ‚7 + x = 4' hat keine Lösung; es gilt also: L = Ø.

(2) ‚x = x' hat jede natürliche Zahl als Lösung; es gilt also: L = **N**."

Danke das genügt" unterbrach ich. „Ich sehe schon ein, dass es manchmal sinnvoll ist, von der *Lösungsmenge einer Gleichung* zu sprechen." -

Die 24 war zufrieden. „Dann kann ich dir ja jetzt die angekündigten Definitionen diktieren", fuhr sie fort. „Aber vorher muss ich dich noch auf Folgendes aufmerksam machen: Die Lösungsmenge einer Gleichung hängt ab von der vorgegebenen Grundmenge!

Dazu ein Beispiel: Die Gleichung $x + 3 = 8$ hat in der Grundmenge $G = \mathbf{N}$ die Lösung $x = 5$, also $L = \{5\}$. Dieselbe Gleichung aber hat in der Grundmenge $G = \{1; 2; 3\}$ keine Lösung, da die einzig mögliche Zahl, die 5, nicht zur Grundmenge gehört. Es gilt also: $L = \emptyset$. -

So, und nun hol' dein Schreibzeug, damit ich dir die Definitionen für die Begriffe *Gleichung*, *Grund menge einer Gleichung* und *Lösungsmenge einer Gleichung* aus dem *Buch der Definitionen* diktieren kann."

Und die 24 las laut und deutlich – und ich schrieb mit:

Def. 29: Werden zwei Terme,
die aus Zahlen, aus einer Leerstelle für Zahlen ‚x' und aus
Verknüpfungszeichen bestehen,
durch ein Gleichheitszeichen verbunden,
so entsteht eine **Gleichung.**

Beispiele für Gleichungen sind:
$3 \cdot x + 7 = 40$ oder $24 : x = 3$ oder $5 \cdot x + 3 = 5 \cdot x + 1$.

Def. 30: Alle Zahlen, die zum Einsetzen
in die Leerstelle einer Gleichung zur Verfügung stehen,
bilden die **Grundmenge der Gleichung**.
Sie wird mit G bezeichnet.

G kann beliebig vorgegeben werden.

Def. 31: Alle Zahlen der Grundmenge G einer Gleichung,
die bei Einsetzen in die Leerstelle
die Gleichung zu einer wahren Aussage machen,
bilden die **Lösungsmenge der Gleichung**.
Sie wird mit L bezeichnet.

Beispiel: Die Gleichung $2 \cdot x + 4 = 24$ hat in der Grundmenge **N** die Lösungsmenge $L = \{10\}$, denn $2 \cdot 10 + 4 = 24$ ist eine wahre Aussage, und keine andere Zahl kommt als Lösung in Frage.

Wenn du die Definitionen verstanden hast, solltest du gleich mal die Lösungsmengen einiger Gleichungen bestimmen", riet mir die 24 noch, bevor sie sich verabschiedete. Und dasselbe möchte ich dir an dieser Stelle empfehlen.

Falls es dir in Übung (41) für die beiden letzten Aufgaben nicht gelingt, die Lösungen zu bestimmen, so lies erst einmal den nächsten Abschnitt. Dort wirst du brauchbare Tipps erhalten.

Übung

(41) Bestimme die Lösungen folgender Gleichungen in der Grundmenge **N**:

1) $3 + x = 24$

2) $11 + x = 7$

3) $40 - x = 13$

4) $11 \cdot x = 77$

5) $11 \cdot x = 50$

6) $3 : x = 14$

7) $28 : x = 14$

8) $x : 15 = 11$

9) $2 \cdot x + 4 = 28$

10) $2 \cdot x - 4 = 28$

11) $(x + 3) \cdot 2 = 50$

12) $(x + 3) : 2 = 10$

13) $(3 \cdot x + 4) \cdot 10 = 40$

14) $(7 \cdot x + 93) : 16 = 2 \cdot 5^2$

15) $(x - 74) \cdot 3 - 71 = 10 + 9 \cdot 5 \cdot 2$

Die Lösungen findest du auf S. 224.

6.2.3 Äquivalenzumformungen von Gleichungen

Sicher haben dir die beiden letzten Aufgaben des vorigen Abschnitts gezeigt, dass es Gleichungen gibt, bei denen es nicht gerade leicht ist, die Lösungsmenge zu bestimmen. Vielleicht denkst du, dass man sich mit solchen schwierigen Aufgaben besser gar nicht beschäftigen sollte. Nun, die Zahlen sind da anderer Meinung. Im Gegenteil, sie lieben komplizierte Gleichungen geradezu! Weil sie nämlich die sogenannten Äquivalenzumformungen so mögen! Und die brauchen sie bei schwierigen Gleichungen.

Falls du nicht ganz sicher bist, was unter einer Äquivalenzumformung zu verstehen ist, dann lies die folgende Rede des Königs, die er am Nachmittag des zweiten Spieltages hielt. Er wandte sich dabei, so sagte er, besonders an die jüngeren Zahlen, an die, die sich nicht mehr an die Spiele des Vorjahrs erinnern konnten. - Hier die Rede:

„Liebe Zahlen!

Wie ihr alle wisst, gibt es leichte und schwierige Gleichungen. Zu den einfachsten aller Gleichungen gehören zum Beispiel x = 3, x = 14 usw. Hier ist die Lösung direkt auf der rechten Waagschale abzulesen: Für x = 3 ist 3 die Lösung, für x = 14 ist 14 die Lösung.

Allgemein gesagt: Jede Gleichung der Form x = a hat die Lösung a.

Vielleicht erinnern sich noch einige von euch an den Entschluss, den wir vor vielen Jahren fassten: Wir nahmen uns damals vor, jede Gleichung so umzuformen, dass sie die Form x = a bekommt. Das heißt für unsere Waage, wir wollten die Terme auf den Waagschalen so verändern, dass links nur noch die ‚x'-Kiste und rechts nur noch eine einzige Zahl steht.

Aber - und das ist sehr, sehr wichtig -, bei diesen Umformungen darf die Waage nie aus dem Gleichgewicht geraten. Anders ausgedrückt: Bei diesen Umformungen darf sich die Lösungsmenge der Gleichung nicht ändern. Solche Umformungen heißen *Äquivalenzumformungen*. Dieses lange, aber sehr klangvolle Wort kommt aus dem Lateinischen. *Äquivalent* heißt *gleichwertig*. - Wenn ich eine Gleichung so umforme, dass die alte und die neue Gleichung dieselbe Lösungsmenge haben, dann sind diese beiden Gleichungen ja in gewisser Weise gleichwertig.

Am besten ist es, ihr hört euch die genaue Definition aus dem *Buch der Definitionen* an und wiederholt sie anschließend alle zusammen."
Schnell hatte er die Stelle gefunden; und er las:

Def. 32: Eine Umformung einer Gleichung,
bei der die Lösungsmenge nicht geändert wird,
heißt **Äquivalenzumformung.**

Die Zahlen hörten zu und dann schrien sie im Chor: „Eine Umformung einer Gleichung, bei der die Lösungsmenge nicht geändert wird, heißt Äquivalenzumformung.“ - „ Sehr gut.“ Der König war zufrieden.

„Wer erinnert sich denn an eine dieser Äquivalenzumformungen?“ fragte er weiter. „Wir hatten uns damals auf fünf geeinigt.“ - Er gab den Zahlen noch einen Tipp: „Nehmt die Waage zu Hilfe. Bei Äquivalenzumformungen muss die Waage im Gleichgewicht bleiben!“

Es dauerte nicht lange, da waren folgende fünf Äquivalenzumformungen genannt und auf ein Plakat geschrieben worden.

Äquivalenzumformungen von Gleichungen

(1) Addition derselben Zahl auf beiden Seiten.

(2) Subtraktion derselben Zahl auf beiden Seiten.

(3) Multiplikation mit derselben Zahl auf beiden Seiten.

(4) Division durch dieselbe Zahl auf beiden Seiten.

(5) Vereinfachung von Zahlentermen auf den einzelnen Seiten.

Bevor ich dir für jede dieser Äquivalenzumformungen ein Beispiel gebe, sollst du noch ein neues Zeichen kennenlernen. - Da wir Menschen ja keine Riesenwaage zur Verfügung haben und auch nicht jedes Mal eine Waage zeichnen wollen, verbinden wir die beiden Terme auf den Waagschalen - wie schon erwähnt - durch ein Gleichheitszeichen. Wenn nun aus einer Gleichung durch eine Äquivalenzumformung eine neue Gleichung entsteht, dann schreiben wir folgendes Zeichen zwischen beide Gleichungen: <=>.

Dieses Zeichen heißt **Äquivalenzpfeil**. Man sagt dann auch, dass die beiden Gleichungen **äquivalent** sind.

Hier nun die versprochenen Beispiele:

(1) Die Gleichung $\mathbf{x + 1 = 5}$ ist äquivalent zu $\mathbf{x + 1 + 7 = 5 + 7}$, denn auf beiden Seiten ist dieselbe Zahl, die 7, addiert worden.
Wir schreiben dafür: $x + 1 = 5 \;<=>\; x + 1 + 7 = 5 + 7$.

(2) Die Gleichung $x + 1 = 5$ ist äquivalent zu $x + 1 - 3 = 5 - 3$, denn auf beiden Seiten ist dieselbe Zahl, die 3, subtrahiert worden.
Das heißt: $x + 1 = 5 \;<=>\; x + 1 - 3 = 5 - 3$.

(3) Multiplikation mit der Zahl 4 auf beiden Seiten führt zu:

$$x + 1 = 5 \;<=>\; (x + 1) \cdot 4 = 5 \cdot 4.$$

(4) Division durch die Zahl 5 auf beiden Seiten führt zu:

$$x + 1 = 5 \;<=>\; (x + 1) : 5 = 5 : 5.$$

Und da nach Äquivalenzumformung Nr. 5 die Terme auf beiden Seiten noch vereinfacht werden dürfen, erhalten wir:

(1) $x + 1 = 5 \;<=>\; x + 1 + 7 = 5 + 7 \;<=>\; x + 8 = 12$

(2) $x + 1 = 5 \;<=>\; x + 1 - 3 = 5 - 3 \;<=>\; x - 2 = 2$

(3) $x + 1 = 5 \;<=>\; (x + 1) \cdot 4 = 5 \cdot 4 \;<=>\; (x + 1) \cdot 4 = 20$

(4) $x + 1 = 5 \;<=>\; (x + 1) : 5 = 5 : 5 \;<=>\; (x + 1) : 5 = 1$

Der Übersichtlichkeit wegen ist es üblich, bei mehr als zwei äquivalenten Gleichungen diese untereinander zu schreiben, und zwar so, dass die Gleichheitszeichen untereinander stehen. Das werden wir demnächst auch tun. Oft werden die Äquivalenzpfeile auch einfach weggelassen; das ist zwar nicht ganz korrekt, aber doch auch ganz praktisch.

Nun wirst du vielleicht einwenden, dass in den gegebenen Beispielen die Äquivalenzumformungen die Ausgangsgleichungen nicht gerade vereinfacht hätten. Und damit hast du vollkommen recht. Nun, etwas nachdenken muss man schon beim Lösen von Gleichungen. Es geht nämlich darum, von den unendlich vielen möglichen Äquivalenzumformungen diejenigen herauszufinden, durch die die Gleichung vereinfacht wird. - Denk immer daran, dass die Kiste schließlich allein auf der linken Waagschale stehen soll, dass das x allein sein soll! Nach diesen Überlegungen ist es wohl einleuchtend, dass für unsere Gleichung $x + 1 = 5$ nur eine einzige Äquivalenzumformung in Frage kommt: Subtraktion der Zahl 1 auf beiden Seiten:

$x + 1 = 5 \Leftrightarrow x + 1 - 1 = 5 - 1 \Leftrightarrow x = 4$. Und damit ist die Lösung gefunden, die Zahl 4.

Und bei der Gleichung $x - 7 = 11$ muss natürlich auf beiden Seiten die Zahl 7 addiert werden:

$x - 7 = 11 \Leftrightarrow x - 7 + 7 = 11 + 7 \Leftrightarrow x = 18$. Die Lösung ist 18.

Bei $x \cdot 2 = 24$ kommt als einzige vereinfachende Äquivalenzumformung offensichtlich nur die Division durch 2 in Frage:

$x \cdot 2 = 24 \Leftrightarrow (x \cdot 2) : 2 = 24 : 2 \Leftrightarrow x = 12$. Lösung 12.

Und schließlich muss bei der Gleichung $x : 5 = 111$ mit 5 multipliziert werden:

$x : 5 = 111 \Leftrightarrow (x : 5) \cdot 5 = 111 \cdot 5 \Leftrightarrow x = 555$. Lösung 555.

Übung

(42) Bestimme die Lösungen folgender Gleichungen durch Äquivalenzumformungen:

1)	$x - 10 = 3$	2)	$x + 8 = 11$
3)	$x \cdot 11 = 121$	4)	$x : 7 = 4$
5)	$3 \cdot x = 12$	6)	$7 \cdot x = 21$

Die Lösungen findest du auf S. 224.

Ich denke, dass du mit Übung (42) keine Schwierigkeiten hattest; die Zahlen jedenfalls konnten alle Lösungen sofort richtig bestimmen. Anders aber erging es ihnen mit folgender Aufgabe: $3 \cdot x + 6 = 18$. Sie konnten sich nicht einigen, ob sie erst durch 3 teilen oder erst 6 subtrahieren sollten.

Im ersten Fall ergab sich die Lösung 0, im zweiten die Lösung 4. - Das Öffnen der Kiste zeigte, dass 4 die richtige Lösung war. Also musste zuerst die 6 subtrahiert werden. Aber weshalb? Der König gab sich große Mühe mit seinen Erklärungen. Er hatte sich ein treffendes Beispiel ausgedacht.

„Wenn ihr im Winter“, so begann er, „erst einen Pullover und dann einen Mantel anzieht, dann müsst ihr beim Ausziehen in der warmen Stube natürlich zuerst den Mantel und dann den Pullover ablegen. - Und genauso ist es bei Äquivalenzumformungen von Gleichungen.

Der Term $3 \cdot x + 6$ zum Beispiel ist folgendermaßen entstanden: zuerst wurde x mit 3 multipliziert, dann wurde 6 addiert. Also - wenn x wieder allein sein will, dann muss zuerst die 6 verschwinden und dann erst die 3.“ - Der König machte eine kurze Pause; dann brachte er ein weiteres Beispiel: „Beim Term $(x + 7) \cdot 4$ wurde zuerst 7 addiert, und dann wurde mit 4 multipliziert. Hier muss also zur Befreiung des x zuerst durch 4 dividiert und dann 7 subtrahiert werden.“ - „Denkt immer an folgendes“, wiederholte der König zum Schluss noch einmal: „Als erstes müsst ihr das ausziehen, was ihr zuletzt angezogen habt!“

Ich denke, dass wir uns nach diesen ausführlichen Erläuterungen an die beiden letzten Aufgaben des vorigen Abschnittes wagen können! Ich meine die Gleichungen 14) und 15) von Übung (41) auf S. 148.

Übung

(43) Gib an, welche Äquivalenzumformungen von Zeile zu Zeile vorgenommen wurden.

Gleichung 14:

$$(7 \cdot x + 93) : 16 = 2 \cdot 5^2$$

$$<=> (7 \cdot x + 93) : 16 = 50$$

$$<=> 7 \cdot x + 93 = 800$$

$$<=> 7 \cdot x = 707$$

$$<=> x = 101$$

Gleichung 15:

$$(x - 74) \cdot 3 - 71 = 10 + 9 \cdot 5 \cdot 2$$
$$\Leftrightarrow (x - 74) \cdot 3 - 71 = 100$$
$$\Leftrightarrow (x - 74) \cdot 3 = 171$$
$$\Leftrightarrow x - 74 = 57$$
$$\Leftrightarrow x = 131$$

Die Lösung findest du auf S. 224.

Wenn du beim Lösen einer Gleichung sicher sein willst, dass du dich zwischendurch nicht verrechnet hast, kannst du auf folgende Weise die Probe machen: Du berechnest den Wert der beiden Terme links und rechts des Gleichheitszeichens, indem du x durch die Lösungszahl ersetzt. Sind beide Werte gleich, ist die Lösung richtig; falls nicht, musst du auf Fehlersuche gehen.

Für Gleichung 14) sieht dies so aus: Du ersetzt im linken Term das x durch die Zahl 101 und berechnest diesen Term: $(7 \cdot 101 + 93) : 16 = (707 + 93) : 16 = 800 : 16 = 50$. Da der Term auf der rechten Seite auch den Wert 50 hat, war die Lösung $x = 101$ also richtig.

Bei der nächsten Übung solltest du jeweils im Kopf die Probe machen.

Übung

(44) Bestimme die Lösungen:

1) $(x \cdot 3 + 7) : 20 = 5$
2) $5 \cdot x + 7 = 257$
3) $(x - 10) : 3 = 35$
4) $(2 \cdot x - 1) \cdot 4 = 84$
5) $13 \cdot x + 11 = 3^2 \cdot 20$
6) $23 \cdot x + 76 = 76$

Die Lösungen findest du auf S. 224.

6. 3 Ungleichungen

Als ich das Wort *Ungleichung* zum ersten Mal hörte, stellte ich mir darunter zum Beispiel folgendes vor:

$3 \cdot x + 2 \neq 17$ oder $x - 7 \neq 2^3$ oder $(x + 1) : 4 \neq 2$.

Ich dachte, dass man nur das Zeichen ‚=' bei einer Gleichung durch das Zeichen $\neq$ ersetzen müsste, um eine Ungleichung zu erhalten. Vielleicht ist es dir genauso gegangen. Nun, dann haben wir uns eben beide geirrt!

Ungleichungen sind Gebilde folgender Art:

$3x + 7 < 14$ oder $2 + x \leq 11$ oder $(4 + x) \cdot 4 > 9$ oder $x : 5 \geq 11^2$.

Du möchtest eine genaue Definition? Bitte:

Def. 33: Werden zwei Terme durch eins der Zeichen $<$, $\leq$, $>$ oder $\geq$ verbunden, so entsteht eine **Ungleichung.**

Wie bei Gleichungen muss auch bei Ungleichungen eine Grundmenge G vorgegeben werden; das heißt, es muss festgelegt werden, welche Zahlen zum Einsetzen in die Leerstelle zur Verfügung stehen.

Falls der Spielleiter nichts anderes bekanntgibt, nehmen die Zahlen die Menge **N** als Grundmenge. Und das soll auch für uns so sein.

Auch bei Ungleichungen besteht die Lösungsmenge aus den Zahlen (der Grundmenge), die bei Einsetzen in die Leerstelle zu einer wahren Aussage führen.

Da gibt es ja kaum einen Unterschied zwischen Gleichungen und Ungleichungen, wirst du jetzt vielleicht denken. Das stimmt - und das stimmt auch wieder nicht.

Nehmen wir einmal die Ungleichung $3 \cdot x < 12$. Die Grundmenge soll **N** sein. Dann gilt: Die Zahl 1 gehört zur Lösungsmenge, denn $3 \cdot 1 < 12$ ist wahr. Aber auch 2 ist eine Lösung, denn $3 \cdot 2 < 12$ ist wahr. Und dasselbe gilt für die Zahl 3.

Die Zahl 4 dagegen ist keine Lösung, denn $3 \cdot 4 < 12$ ist falsch. Und dies gilt für alle größeren Zahlen. Demnach hat die Ungleichung $3 \cdot x < 12$ drei Lösungen, $x = 1$, $x = 2$ und $x = 3$. Die Zahlen schreiben dies so: $L = \{1; 2; 3\}$.

Und damit sind wir beim wichtigsten Unterschied zwischen Gleichungen und Ungleichungen:

Ungleichungen haben fast immer mehrere Lösungen, oft sogar unendlich viele.

Gleichungen haben meistens nur *eine* Lösung.

Erinnerst du dich daran, dass die Zahlen am ersten Spieltag dreimal „hurra" schrien, als der König die Ungleichungsspiele ankündigte? Das finde ich sehr verständlich. Bei Ungleichungen hat eine Zahl ja öfter die Möglichkeit, zur Lösungsmenge zu gehören als bei Gleichungen.

Als ich am dritten Spieltag auf den Platz kam, sah es dort ein wenig anders aus als am Vortag. Vor der Waage waren zwei Paare von Mengenklammern aufgebaut: ein Paar für die Grundmenge G und ein Paar für die Lösungsmenge L.

„Das ist nötig", erklärte mir die 0, „weil ja immer nur eine Zahl in der Kiste sitzen darf - und weil wir doch die gesamte Lösungsmenge vor uns sehen wollen."

Offensichtlich hatte ich Glück; ich war gerade zur rechten Zeit auf dem Spielplatz angekommen. Eben begann die 0 - die heute schon wieder Spielleiterin war - mit ihren Erläuterungen.

„Wie gestern bei den Gleichungen", sprach sie, „ist es auch heute unser Ziel, eine Ungleichung, deren Lösungsmenge bestimmt werden soll, durch Äquivalenzumformungen auf eine möglichst einfache Form zu bringen. - Das bedeutet für unsere Waage, dass die x-Kiste allein auf der linken Seite steht.

Dabei gibt es vier Möglichkeiten; zum Beispiel:

(1) $x < 5$ (2) $x \leq 7$ (3) $x > 8$ (4) $x \geq 11$

Diese vier Ungleichungen haben folgende Lösungen:

(1) $L = \{1; 2; 3; 4\}$ (2) $L = \{1; 2; 3; 4; 5; 6; 7\}$

(3) $L = \{9; 10; 11; 12, ... \}$ (4) $L = \{11; 12; 13; 14; ... \}$

Ich denke, dass keiner von euch Schwierigkeiten haben wird, für eine Ungleichung dieser einfachen Form die Lösungsmenge zu finden." Die 0 machte eine Pause und wartete auf eine Antwort.

„Natürlich haben wir mit solchen Baby-Aufgaben keine Schwierigkeiten", schrien die Zahlen prompt. „Überzeuge dich doch selbst und gib uns ein paar Aufgaben! - Etwas schwerer als die Beispiele dürfen sie aber ruhig sein!"

Das ließ sich die 0 nicht zweimal sagen! Sie stellte eine Aufgabe nach der anderen. Da gab es viel Bewegung auf der Spielfeldmitte. Viele Zahlen hatten den Ehrgeiz, als erste in den Lösungsmengenklammern zu stehen. Andere wieder waren nicht ganz sicher, ob sie zu L gehörten. Dann nahmen sie die Waage zu Hilfe: rein in die Kiste - raus aus der Kiste!

Die ersten Aufgaben, die die 0 stellte, waren folgende:

1)	$x \leq 5$	2)	$x > 100$
3)	$x + 4 < 7$	4)	$x + 4 \leq 7$
5)	$x - 2 > 11$	6)	$x - 3 \geq 5$
7)	$3 \cdot x < 15$	8)	$4 \cdot x \geq 16$
9)	$(2 \cdot x - 2) \cdot 3 \leq 30$	10)	$(3 \cdot x + 1) : 7 > 1$

In Windeseile und ohne Hilfe der 0 hatten die Zahlen für die ersten acht Ungleichungen die richtigen Lösungen gefunden. Das kannst du sicher auch!

Übung

(45) Bestimme die Lösungen für die Ungleichungen 1) bis 8) der Tabelle oben. [9) und 10) besprechen wir danach.]

Die Lösungen findest du auf S. 225.

Bei der 9. und der 10. Ungleichung dagegen waren die Zahlen wohl doch überfordert. Sie fingen an zu raten und zu probieren. So fanden sie zum Beispiel heraus, dass für Aufgabe 9) die Zahl 3 zur Lösungsmenge gehört. Das ist auch richtig, denn $(2 \cdot 3 - 2) \cdot 3 \leq 30$ ist wahr. Sie fanden ebenso heraus, dass die Zahl 10 keine Lösung dieser Ungleichung ist. Auch das stimmt, denn $(2 \cdot 10 - 2) \cdot 3 \leq 30$ ist falsch.

Doch mit diesen Ergebnissen waren die Zahlen nicht zufrieden. Beim Probieren konnten sie ja nie sicher sein, ob sie alle Lösungen gefunden hatten. So wandten sie sich an die 0: „Wir denken, dass wir jetzt die angekündigten Äquivalenzumformungen brauchen. - Sind es dieselben wie bei den Gleichungen?" - „Das sollten wir gemeinsam herausfinden", antwortete die 0. (Sie war nicht nur ein guter König, sie verstand auch etwas vom Unterrichten.)

„Wir werden von einem Beispiel ausgehen. Nehmen wir einmal die Ungleichung $x < 7$. Und jetzt denkt an unsere Waage. Wenn eine Zahl aus der Lösungsmenge in der Kiste sitzt, dann befindet sich die linke Waagschale oben. Kleinere Zahlen sind auf unserer Waage ja leichter. Setzen wir einmal die Zahl 6 in die Kiste. Die Waage ist jetzt in dieser Stellung:

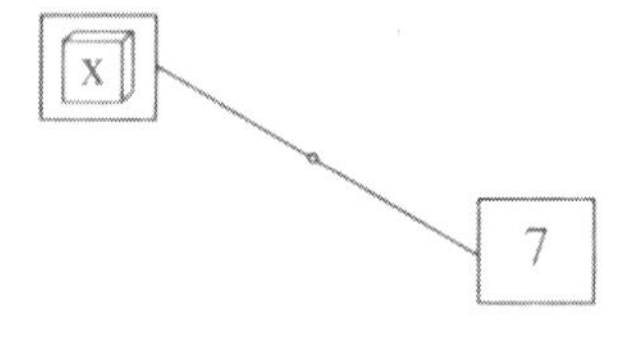

So, und nun frage ich euch: Wird sich die Stellung der Waage ändern, wenn auf jeder Waagschale die Zahl 5 addiert wird? Oder irgendeine andere Zahl? Oder wenn irgendeine Zahl subtrahiert wird?"
„Nein, natürlich nicht!" schrien die Zahlen. „Immer wird die linke Seite oben bleiben."

„Und wenn ich das Gewicht auf beiden Seiten verdoppele oder verdreifache? Wenn ich also beide Seiten mit derselben Zahl multipliziere? Oder wenn ich das Gewicht auf beiden Seiten halbiere oder drittele? Wenn ich also beide Seiten durch dieselbe Zahl dividiere? Ändert sich dann etwas für die Stellung der Waage?“ - „Natürlich auch nicht“, riefen die Zahlen.

„Und natürlich gerät die Waage auch nicht in Bewegung, wenn ein Term auf einer der beiden Seiten vereinfacht wird.“ Ich glaube, es war die 98, die diese kluge Bemerkung machte.

Danach stellte sich die 0 wieder an das Rednerpult und wartete, bis es ruhig wurde. Nach einer Weile begann sie:

„Damit haben wir eure Fragen von vorhin beantwortet. Ja, bei Ungleichungen benutzen wir dieselben fünf Äquivalenzumformungen wie für Gleichungen!

Allerdings habe ich gehört, dass einige von euch in der nächsten Woche in das Land der Minuszahlen reisen wollen. Dort sieht es ein wenig anders aus mit den Äquivalenzumformungen für Ungleichungen. Wer sich dafür interessiert, kann gern nachher noch zu mir kommen. Aber jetzt wollen wir uns erst einmal die beiden Ungleichungen vornehmen, mit denen ihr vorhin Schwierigkeiten hattet.“

Gemeinsam mit der 0 bestimmten die Zahlen nun die Lösungen. Hier ihre Umformungen:

9)	10)
$(2 \cdot x - 2) \cdot 3 \leq 30$	$(3 \cdot x + 1) : 7 > 1$
$<=> \quad [(2 \cdot x - 2) \cdot 3] \mathbf{: 3} \leq 30 \mathbf{: 3}$	$<=> \quad [(3 \cdot x + 1) : 7] \mathbf{\cdot 7} > 1 \mathbf{\cdot 7}$
$<=> \quad 2 \cdot x - 2 \leq 10$	$<=> \quad 3 \cdot x + 1 > 7$
$<=> \quad 2 \cdot x - 2 \mathbf{+ 2} \leq 10 \mathbf{+ 2}$	$<=> \quad 3 \cdot x + 1 \mathbf{- 1} > 7 \mathbf{- 1}$
$<=> \quad 2 \cdot x \leq 12$	$<=> \quad 3 \cdot x > 6$
$<=> \quad (2 \cdot x) \mathbf{: 2} \leq 12 \mathbf{: 2}$	$<=> \quad [3 \cdot x] \mathbf{: 3} > 6 \mathbf{: 3}$
$<=> \quad x \leq 6$	$<=> \quad x > 2$
$L = \{0; 1; 2; 3; 4; 5; 6\}$	$L = \{3; 4; 5; \ldots..\}$

Nun gibt es für dich einige anspruchsvolle Ungleichungen!

Übung

(46) Bestimme die Lösungen in der Grundmenge **N:**

1)	$2 \cdot x \leq 18$	2)	$3 \cdot x + 4 > 304$
3)	$(x + 7) \cdot 5 < 55$	4)	$(x - 7) \cdot 5 > 30$
5)	$x + 10 < 8$	6)	$x + 10 > 10$
7)	$5 \cdot x \geq 5$	8)	$3 \cdot x + 10 < 22$
9)	$(2 \cdot x - 4) : 11 \leq 4$	10)	$(5 \cdot x - 3) \cdot 2 + 3 \geq 27$

Die Lösungen findest du auf S. 225.

Kapitel 7: Platzhalter - ‚Rechnen‘ mit Buchstaben

Ich war nun schon vier Wochen im Zahlenland. Es war abends, und wie gewöhnlich saßen etliche Zahlen in meinem Zimmer. Sie baten mich immer wieder, aus dem Menschenland zu erzählen. Berichte aus der Schule liebten sie besonders, vor allem aus dem Mathematikunterricht.

Wir sprachen gerade über die Schwierigkeiten, die in diesem Fach immer wieder auftauchen, als die 96 plötzlich dazwischenrief: „Oh, da fällt mir etwas Wichtiges ein! Bist du in der nächsten Woche noch hier?“ - Als ich bejahte, fuhr sie fort: „Da findet nämlich im Kindergarten ein dreitägiger Kurs statt: *Platzhalter für Anfänger*. Den solltest du dir im Hinblick auf deine Schüler auf keinen Fall entgehen lassen!“ - Das fand ich auch. Mir fielen dabei außer meinen Schülern auch etliche meiner erwachsenen Freunde ein, die mir irgendwann einmal folgendes gestanden hatten: Solange sie im Mathematikunterricht mit Zahlen gerechnet hätten, hätten sie keine Probleme gehabt. Aber als es mit den Buchstaben losging, da wäre es aus gewesen. Sie könnten auch jetzt noch nicht verstehen, wieso man mit Buchstaben rechnen könne!

Nun, ich hoffe sehr, dass es dir da einmal anders gehen wird; spätestens dann, wenn du dieses Kapitel gelesen hast!

Der Kurs begann am darauffolgenden Montag. Ich war sehr gespannt, als ich früh im Kindergarten ankam. Die Kindergärtnerin, die 361, begrüßte mich freundlich. Dann wandte sie sich an die Zahlen: „Guten Morgen! Ich sehe, dass einige von euch noch recht müde sind. Da fangen wir am besten mit Kopfrechnen an, zum Wachwerden." Und sie stellte nacheinander folgende Aufgaben:

$2 \cdot 1$; $2 \cdot 2$; $2 \cdot 3$; $2 \cdot 4$; $2 \cdot 5$;... Sie war gerade bei $2 \cdot 31$ angelangt, als die 217 dazwischenrief: „Das wird ja langweilig! Sag doch gleich, dass wir jede natürliche Zahl - der Reihe nach - mit 2 multiplizieren sollen."- „Sehr gut!" Die 361 freute sich richtig. „Ich habe schon darauf gewartet, dass mich jemand unterbricht! Du hast offensichtlich gemerkt, dass alle Aufgaben von vorhin irgendwie ähnlich waren. Sie hatten alle dieselbe Form, nämlich $2 \cdot a$, wobei a ein Platzhalter für natürliche Zahlen ist. - Ich hätte also ebenso gut sagen können: ‚Setzt in den Term $2 \cdot a$ für a nacheinander alle natürlichen Zahlen ein und berechnet dann die entstandenen Zahlenterme.' - Eure Ergebnisse hättet ihr in Form einer Tabelle aufschreiben können. Und zwar so, wie ich es jetzt an die Tafel schreibe." -

Die Tabelle sah folgendermaßen aus:

a	0	1	2	3	4	5	6	7	...
2 · a	0	2	4	6	8	10	12	14	...

„Oh" und „Ah" schrien die Zahlen begeistert. „Das sieht ja toll aus!" - „Eure Begeisterung freut mich sehr", fuhr die 361 fort. „Ich werde euch jetzt wieder Aufgaben stellen, die dieselbe Form haben. Und zwar werde ich nicht eher aufhören, bevor ihr mich unterbrecht und den zugehörigen Term nennt."

Und schon ging es los: „$3 \cdot 1 + 4$; $3 \cdot 2 + 4$; $3 \cdot 3 + 4$; $3 \cdot 4 + 4$..." An dieser Stelle unterbrach die 230. „$3 \cdot a + 4$," rief sie. Und das war richtig.

Kurz darauf stand an der Tafel:

a	0	1	2	3	4	5	6	7	…
3 · a + 4	4	7	10	13	16	19	22	25	…

Die nächsten Aufgaben der 361 waren:

1) (1 + 13) · 2; (2 + 13) · 2; (3 + 13) · 2; (4 + 13) · 2; …

2) (1 + 13) · 1; (2 + 13) · 2; (3 + 13) · 3; (4 + 13) · 4; …

Die zugehörigen Terme waren schnell gefunden, die Tabellen waren schnell und richtig aufgeschrieben.

Die 361 war sehr zufrieden. „Ich denke, ihr versteht jetzt ohne Probleme, was ich hier für euch aufgeschrieben habe", meinte sie und hängte folgendes Plakat an die Wand:

Ausdrücke wie zum Beispiel

3 + a **10b – 7** **124 : c + 24 · c**

nennt man **Terme mit Platzhaltern.**

Die Buchstaben halten den Platz frei für Zahlen.

Für jede Zahl hat der Term
einen bestimmten Wert.

So hat zum Beispiel

3 + a für a = 10 den Wert 13 und

10b – 7 für a = 10 den Wert 93.

„Alles klar!" versicherten die Zahlen. „Und jetzt wollen wir neue Aufgaben!" - Die bekamen sie auch, und ich gebe sie gleich an dich weiter.

Übungen

(47) Gib jeweils den zugehörigen Term mit Platzhalter an:

1)	$(1 + 13) \cdot 2$; $(2 + 13) \cdot 2$; $(3 + 13) \cdot 2$; $(4 + 13) \cdot 2$; …
2)	$(1 + 13) \cdot 1$; $(2 + 13) \cdot 2$; $(3 + 13) \cdot 3$; $(4 + 13) \cdot 4$; …
3)	$7 \cdot (3 + 1)$; $7 \cdot (3 + 2)$; $7 \cdot (3 + 3)$; $7 \cdot (3 + 4)$, ...
4)	$1 \cdot 1 + 1$; $2 \cdot 2 + 2$; $3 \cdot 3 + 3$; $4 \cdot 4 + 4$, ...
5)	$1^2 + 11$; $2^2 + 11$; $3^2 + 11$; $4^2 + 11$, ...
6)	1^1; 2^2; 3^3; 4^4; ……..

(48) Ergänze folgende Tabelle:

a	$a^2 + 3$	$2 \cdot a^2$	$3 \cdot a - 2$	$(a + a) \cdot 10$
1				
2				
3				
4				
5				
6				

Die Lösungen findest du auf S. 225f.

Am Ende des ersten Tages waren alle Zahlen in der Lage, für gleichartige Aufgaben den zugehörigen Term zu finden und Zahlen in Terme mit Platzhaltern einzusetzen. Sie konnten es so gut, dass es für einige von ihnen sogar schon wieder langweilig wurde.

„Machen wir denn heute nichts Neues?“ fragten sie deshalb ein wenig enttäuscht, als die 361 ihnen am nächsten Tag folgende Tabelle vorlegte:

a	a + a	2 · a	15 · a – 13 · a
1			
2			
3			
4			
5			

„Nun wartet doch mal ab und füllt erst einmal die Tabelle aus!" entgegnete die 361. - Und das solltest auch du jetzt tun!

Übung

(49) Ergänze die Tabelle oben auf der Seite.

Die Lösungen findest du auf S. 226.

Wenn du dich nicht verrechnet hattest, dann konntest du merken, dass in den drei Spalten die gleichen Zahlen stehen. - Dasselbe war auch den Zahlen aufgefallen und sie meldeten dies ganz aufgeregt der 361. „Gut beobachtet", lobte sie. „Es gilt sogar noch mehr: Die drei Spalten wären immer gleich, auch wenn man beliebig viele weitere Zahlen für a einsetzte. Und das ist eigentlich auch einleuchtend.

Betrachten wir einmal die Terme **a + a**, **2 · a** und **15 · a – 13 · a**.

Den Wert von **a + a** erhält man, indem man die Zahl, die man für a einsetzt, zu sich selbst addiert.

Den Wert von **2 · a** erhält man, indem man die Zahl, die man für a einsetzt, mit 2 multipliziert, also verdoppelt.

Natürlich erhält man bei beiden Rechnungen dasselbe Ergebnis, unabhängig von der Wahl der Zahl für a.

Den Wert von **15 · a – 13 · a** erhält man, wenn man vom Fünfzehnfachen der Zahl a das Dreizehnfache subtrahiert. Und das ist offensichtlich ebenfalls das Doppelte von a.

Es gilt also für jede natürliche Zahl a: **a + a = 2 · a = 15 · a – 13 · a**.

Wir Zahlen sagen: Die drei Terme **a + a**, **2 · a** und **15 · a – 13 · a** sind gleich. - Ich lese euch noch die genaue Definition aus dem *Buch der Definitionen* vor:

Def. 34: Zwei Terme mit Platzhaltern heißen **gleich,** wenn man für jede Zahl, die man in beide Terme einsetzt, in beiden Termen den gleichen Wert erhält.

Hier machte die 361 eine kurze Pause, um den Zahlen die Möglichkeit zu geben, sich die neue Definition einzuprägen.

Dann fuhr sie fort: „Heute wollen wir uns vor allem mit gleichen Termen beschäftigen. Genauer gesagt werden wir gegebene Terme daraufhin untersuchen, ob sie gleich sind oder nicht.

Doch bevor wir damit beginnen, hier ein wichtiger Hinweis: Achtet besonders auf das Wort *jede* in der Definition! Dieses Wort ist nämlich sehr wichtig. Betrachtet einmal die Terme $\mathbf{a^2 - 4}$ und **5 · a – 10**. Für a = 2 liefern beide Terme den Wert 0 und für a = 3 den Wert 5. Trotzdem sind die Terme nicht gleich! Denn für a = 5 zum Beispiel erhalten wir verschiedene Werte, nämlich 21 und 15. - Vergesst es nicht: *Alle* Zahlen müssen zu demselben Wert führen!“ Inzwischen waren die Zahlen ein wenig unruhig geworden; sie wollten nun selber etwas tun. Die 361 bemerkte es zum Glück schnell.

„Fangen wir nun mit einer gemeinsamen Übung an“, schlug sie vor. Und sie fuhr fort: „Ich werde jetzt zehn Terme an die Tafel schreiben. Zur Abwechslung werde ich den Platzhalter einmal mit b bezeichnen. Jeweils zwei dieser Terme sind gleich. Und diese Paare gleicher Terme wollen wir jetzt suchen.

Und sie schrieb an die Tafel:

$b + 3 \cdot b$	$(b + b) \cdot 3$	$4 \cdot b$	$b + b + b$	$b^2 + b$
$4 \cdot b - 1 \cdot b$	$10 \cdot b + 2 \cdot b$	$6 \cdot b$	$23 \cdot b - 11 \cdot b$	$b \cdot (b + 1)$

Es dauerte nicht lange, da hatten die Zahlen die fünf Paare gefunden. Und das solltest auch du jetzt tun.

Übung

(50) Bestimme in der Tabelle oben die fünf Paare gleicher Terme.

Die Lösungen findest du auf S. 226.

Jetzt wird es aber Zeit, dass ich dich auf eine bei den Zahlen und bei den Mathematikern übliche Schreibweise aufmerksam mache. Statt **4 · a** schreiben sie kurz **4a**, statt **11 · b** schreiben sie **11b** - und sie sagen auch einfach ‚4a' statt ‚4-mal a' und ‚11b' statt ‚11-mal b'. - Wenn im Folgenden der Mal-Punkt fehlt, dann habe ich ihn also nicht vergessen!

Mit dieser neuen Schreibweise gilt zum Beispiel:

$$3a + 10a = 13a \quad \text{und} \quad 24b - 11b = 13b \quad \text{und} \quad c + 11c = 12c.$$

Die Addition $3a + 10a = 13a$ erinnert ein wenig an 3 € + 10 € = 13 €. Beim Addieren oder Subtrahieren kann man in der Tat mit Platzhaltern oft so ‚rechnen' wie mit € oder kg oder cm.

Aber es gibt auch Unterschiede: Zum Beispiel darf man bei Platzhaltern $a + 2a = 3a$ schreiben, aber bei Euros nicht: € + 2 € = 3 €. Hier muss es **1** €+ 2 € = 3 € heißen.

Und zweitens darf man Platzhalter multiplizieren (ich denke, du weißt inzwischen, dass es genauer heißen müsste: ‚darf man die Zahlen multiplizieren, für die der Platzhalter steht'!). $a \cdot a$ zum Beispiel ist ein erlaubter Ausdruck. Aber was soll € · € sein?

> Merke:
> Platzhalter sind etwas anderes
> als Einheiten wie € oder cm oder kg.

Übung

(51) Ergänze den rechten Term so, dass die Terme gleich sind:

1) $8c = 3c + 7c$ __ ____ 2) $2c - 2 + c = 3c - 7$__ ____

3) $100c - 9c = 7c \cdot$ _____ 4) $(c \cdot c + 5) \cdot 2 = 10 +$ ______

5) $9c^2 - 8c^2 = c^2 - 7$__ ____ .

Die Lösungen findest du auf S. 226.

Nun hast du dich vielleicht schon gefragt, welchen Sinn es eigentlich hat, gleiche Terme zu suchen. - Falls dies der Fall ist, dann lies am besten, was die 361 den Zahlen zu diesem Thema sagte:

„Ihr habt euch vielleicht schon gefragt, welchen Sinn es eigentlich hat, gleiche Terme zu suchen“, wandte sie sich am Ende des zweiten Tages an die Zahlen. „Dieses Suchen war auch nur als Vorübung gedacht - als Vorübung dazu, vorgegebene Terme zu vereinfachen. Stellt euch einmal vor, ihr solltet in den Term $17a - 15a$ nacheinander die Zahlen von 1 bis 19 einsetzen und die so entstandenen Zahlenterme berechnen.

Für eine Zahl, die es nicht gelernt hat, Terme zu vereinfachen, sähe die Rechnung so aus:

$a = 1$: $17 \cdot 1 - 15 \cdot 1 = 17 - 15 = 2$
$a = 2$: $17 \cdot 2 - 15 \cdot 2 = 34 - 30 = 4$
$a = 3$: $17 \cdot 3 - 15 \cdot 3 = 51 - 45 = 6$
…………………………………..
$a = 18$: $17 \cdot 18 - 15 \cdot 18 = 306 - 270 = 36$
$a = 19$: $17 \cdot 19 - 15 \cdot 19 = 323 - 285 = 38$.

Wie ihr sicher schon bemerkt habt, werden die Rechnungen komplizierter, wenn die für a eingesetzte Zahl größer wird.

Eine Zahl, die gelernt hat, Terme zu vereinfachen, hat erheblich weniger zu tun. Sie bestimmt einen Term, der gleich ist mit $17a - 15a$ und zu einfacheren Rechnungen führt. Das ist für unsere Aufgabe zum Beispiel der Term 2a. Denn es gilt $17a - 15a = 2a$.

Und nun sieht die Rechnung so aus:

$a = 1$: $2 \cdot 1 = 2$
$a = 2$: $2 \cdot 2 = 4$
$a = 3$: $2 \cdot 3 = 6$
……………...
$a = 19$: $2 \cdot 19 = 38$.

„Cool!“ – „Einfach irre!“ – „Spitze!“ - Die Zahlen waren offensichtlich begeistert davon, wie zeitsparend das Vereinfachen eines Terms sein kann. Aber mit weiteren Übungen mussten sie bis zum nächsten Tag warten; es war schon spät geworden.

Doch vielleicht hast du noch Zeit für folgende Aufgabe:

Übung
(52) Vereinfache den Term $17a - 11a + 12a - a + 3a$ und setze für a die Zahlen 17, 18 und 19 ein.
Die Lösung findest du auf S. 226.

Am Vormittag des dritten Tages waren die Zahlen damit beschäftigt, Terme zu vereinfachen und dann für die Platzhalter Zahlen aus einer vorgegebenen Grundmenge G einzusetzen. Die ersten vier Aufgaben machten keinerlei Schwierigkeiten; hier sind sie:

(1) $7a + 4a$ Grundmenge $G = \{7; 8; 9\}$

(2) $b + b + 3b$ Grundmenge $G = \{20; 21; 22\}$

(3) $9c - c$ Grundmenge $G = \{1; 2; 3; 4; 5\}$

(4) $a^2 + a^2$ Grundmenge $G = \{10; 11; 12\}$.

Übung
(53) Zwei der 14 errechneten Werte in den Aufgaben (1) bis (4) haben die Quersumme 6. Welche sind es?
Die Lösung findest du auf S. 227.

Die nächste Aufgabe bereitete den Zahlen ziemliche Mühe. Der vorgegebene Term war $\mathbf{a^2 + a}$. Es wurden drei Terme zur Vereinfachung vorgeschlagen, und zwar $\mathbf{a^3}$, $\mathbf{2a^2}$ und $\mathbf{2a}$. Die 361 überließ es den Zahlen herauszufinden, welcher Term der richtige war. Sie hatten dazu die Mittagspause über Zeit.

„Nun, zu welchem Ergebnis seid ihr gekommen?“ fragte die 361 am Nachmittag. Die 27 redete sofort los, ehe sie aufgerufen wurde; aber die 361 ließ sie reden: „Ich bin sicher, dass die letzten beiden Terme gleich sind mit $a^2 + a$, der erste dagegen nicht. Ich habe für a die Zahl 1 eingesetzt und folgende Tabelle erhalten:

a	$\mathbf{a^2 + a}$	$\mathbf{a^3}$	$\mathbf{2a^2}$	**2a**
1	2	1	2	2

„Falsch, falsch!“ schrien einige Zahlen, am lautesten die 26. Und sie erklärte der verdutzten 27: „Mit deiner Tabelle beweist du nur, dass der Term a^3 keine Vereinfachung von $a^2 + a$ ist. Du zeigst aber nicht, dass die beiden anderen Terme gleich $a^2 + a$ sind. Um diese Terme zu prüfen, musst du weitere Zahlen für den Platzhalter einsetzen. Schon für $a = 2$ ergibt sich:

a	$\mathbf{a^2 + a}$	$\mathbf{a^3}$	$\mathbf{2a^2}$	**2a**
2	6	8	8	4

Und damit ist klar, dass keiner der drei Terme als Vereinfachung in Frage kommt.“ - „Das ist richtig“, sagte die 361 anerkennend und fuhr fort: „Ich muss euch nun etwas gestehen: Ihr konntet gar nichts finden. Weil man den Term $a^2 + a$ nämlich nicht vereinfachen kann! Ich habe euch diese Aufgabe aber nicht gestellt, um euch die Mittagspause zu verderben. Ich habe euch deshalb so lange nach einem geeigneten Term suchen lassen, damit ihr euch ein für alle Mal einprägt: Es gibt Terme, die man nicht vereinfachen kann. Und dazu gehört $a^2 + a$. - Hier werden nämlich immer wieder Fehler gemacht, von Zahlen wie von Menschen!“

Ich nickte zustimmend und dachte daran, wie schwer es ist, Schülern beizubringen, dass sie etwas nicht tun dürfen, was sie gern tun möchten (zum Beispiel einen Term vereinfachen, der sich nicht vereinfachen lässt). Denn man kann ja nicht üben, etwas nicht zu tun! -

„Es ist ja ganz schön schwierig zu erkennen, wann man einen Term vereinfachen kann und wann nicht“, stöhnten die Zahlen nach weiteren Übungen. „Da habt ihr recht“, bestätigte die 361. „Aber ihr solltet euch nicht beunruhigen. Ihr seid hier doch erst im Anfängerkurs. Da genügt es mir, wenn ihr in Zukunft folgendes wisst:

Ein Term, bei dem Potenzen des Platzhalters addiert oder subtrahiert werden, kann nur dann vereinfacht werden, wenn die Potenzen die gleiche Hochzahl haben. Das ist zum Beispiel der Fall bei: $\mathbf{17a + 7a}$ oder $\mathbf{4b - b}$ oder $\mathbf{3a^2 + 17a^2}$ oder $\mathbf{456c^3 + 234c^3}$.

Die Terme $\mathbf{3a + 4a^2}$ oder $\mathbf{12x + 3}$ dagegen können nicht vereinfacht werden!“

Damit beendete die 361 den Kurs *Platzhalter für Anfänger*. Die Zahlen bedankten sich bei ihr und versicherten, dass sie in den drei Tagen viel gelernt hätten. - Hoffentlich gilt das auch für dich!

Kapitel 8: Teilbarkeitsspiele

Eines Morgens saß ich gemütlich mit einigen Zahlen beim Frühstück. Plötzlich ertönte ein so lauter Pfiff, dass mir vor Schreck beinahe das Brötchen aus der Hand fiel. - Noch ehe ich mich erkundigen konnte, was denn los sei, stürmten meine Gäste schon an mir vorbei nach draußen. Nur die 60 drehte sich noch einmal um und erklärte mir: „Der König hat zum Versammeln gepfiffen. Da müssen wir hin. Keine Ahnung, wie lange es dauert.“ - Und weg war sie. Nun, dann musste ich eben allein frühstücken. Anschließend wollte ich einen Brief schreiben. Aber dazu sollte es nicht kommen; denn schon stürmten die Zahlen wieder herein.

„Das ging wirklich schnell heute“, sagte die 72, noch etwas außer Atem. „Er hat uns nur aufgetragen, bis heute Nachmittag die Teilbarkeitssätze zu wiederholen. Wenn wir sie nicht mehr wüssten, sollten wir ältere Zahlen fragen oder im *Buch der Sätze* nachsehen.“ - „Na ja, ein bisschen mehr hat er schon gesagt“, berichtigte die 97. „Er hat zum Beispiel erklärt, wozu wir die Teilbarkeitssätze brauchen, unter anderem zur Primfaktorenzerlegung.“ – „Ja richtig“, stimmte die 42 ihr zu. „Und dann hat er sich auch noch dazu geäußert, wozu die Primfaktorenzerlegung gut ist. Wir brauchen sie für zwei neue Verknüpfungen, und zwar für das Bestimmen des größten gemeinsamen Teilers und des kleinsten gemeinsamen Vielfachen von zwei Zahlen.“ – „Und mit diesen beiden Verknüpfungen“, ergänzte die 56 den Bericht ihrer Freundinnen über die Versammlung auf dem Zahlenstrahl, „sollten wir uns in den folgenden Tagen viel beschäftigen, weil eine Abordnung von uns in der nächsten Woche ins Land der Bruchzahlen fährt - und dort seien sie sehr, sehr wichtig.“ - „Ja und nun müssen wir uns also um die Teilbarkeitssätze kümmern“, meinte die 71. „Ich habe da nicht viel Ahnung; für mich als Primzahl ja auch verständlich. Auf jeden Fall“, und damit wandte sie sich an mich, „wird es heute nichts mit einem gemeinsamen Frühstück. - Aber wir hoffen, dich heute Nachmittag auf dem Spielplatz zu sehen!“ Noch ehe ich antworten konnte, waren die Zahlen verschwunden.

8.1 Teilbarkeitssätze

Am Nachmittag kam ich genau im richtigen Augenblick auf den Spielplatz. Gerade begann die 5 (sie war zur Spielleiterin gewählt worden) mit einer Rede: „Wie ich erfahren habe“, sagte sie, „sind die Teilbarkeitssätze heute früh nicht allen von euch bekannt gewesen. Deshalb halte ich es für richtig, dass wir jeden dieser Sätze ausführlich und mit Beispielen besprechen.

Die Begriffe *teilbar* und *Teiler*, die wir heute oft brauchen werden, kennt ihr sicher alle. Nur eine ganz, ganz kurze Wiederholung; das Wichtigste habe ich für euch aufgeschrieben; wer will, mag es sich nachher abschreiben. Und sie zeigte auf dieses Plakat:

Die Begriffe *teilbar, Teiler* und *Primzahl* Eine Zahl a heißt *teilbar durch eine Zahl b,* wenn sie sich ohne Rest durch b teilen lässt. b heißt dann *Teiler von a.* Eine Zahl, die genau zwei Teiler hat, heißt *Primzahl.*

Die 5 meinte, dass Beispiele nie schaden könnte und fügte hinzu: „So ist zum Beispiel 12 durch 6 teilbar, bzw. 6 ist Teiler von 12. Aber 13 ist nicht durch 6 teilbar, bzw. 6 ist kein Teiler von 13. Und ich, die 5, bin ein schönes Beispiel für eine Primzahl!"

Nach einer Weile fuhr sie fort: „Und nun zu den Teilbarkeitssätzen! Diese Sätze benutzen wir, wenn wir eine Zahl auf bestimmte Teiler untersuchen. Natürlich können wir auch dividieren und feststellen, ob ein Rest bleibt oder nicht. Aber mit den Teilbarkeitssätzen können wir viel Zeit sparen!

Nun, wer kennt den Teilbarkeitssatz für die 2?" - „Den kennen wir alle!" schrien die Zahlen. „Der ist ja so leicht!" Und sie rasselten ihn im Chor herunter:

„Eine natürliche Zahl ist genau dann durch 2 teilbar,
wenn ihre letzte Ziffer eine 0, 2, 4, 6 oder 8 ist."

„In Ordnung." Die 5 war zufrieden und meinte, dass Beispiele hier ausnahmsweise nicht nötig seien. - Danach fragte sie nach dem Teilbarkeitssatz für die 3. Die 333 durfte ihn aufsagen:

„Eine natürliche Zahl ist genau dann durch 3 teilbar,
wenn ihre Quersumme durch 3 teilbar ist."

„Und was ist die Quersumme einer Zahl?“ fragte die 1357 etwas schüchtern. „Das ist leicht erklärt“, antwortete die 333. „Um die Quersumme einer Zahl zu bestimmen, muss man alle Ziffern dieser Zahl addieren. Das Ergebnis ist die Quersumme. - Deine Quersumme zum Beispiel ist 16, denn 1 + 3 + 5 + 7 = 16. Meine Quersumme ist 9, denn 3 + 3 + 3 = 9.“

„Dann bin ich also nicht durch 3 teilbar?“ fragte die 1357, noch immer etwas schüchtern. „Richtig!“ lobte die 333. „Du hast den Teilbarkeitssatz für die 3 verstanden.“

Hier unterbrach die 5 das Gespräch der beiden. „Entschuldigt bitte“, sagte sie, „aber ich würde gern überprüfen, ob alle Zahlen in der Lage sind, diesen Satz anzuwenden. Ich nenne jetzt einige Zahlen, und ihr schreit nur „ja“ oder „nein“, je nachdem, ob die Zahl durch 3 teilbar ist oder nicht.“ Schon rief sie die erste Zahl: „5371.“ Die Antwort der Zahlen kam prompt: „Nein.“ - Sofort ging es weiter: „13884.“ - „Ja.“ Als nächste Zahl wurde die 501 genannt. - „Ja.“ Und schließlich noch: „153452.“ - „Nein.“ - Alle Antworten waren richtig. Ich hoffe, dass du zu denselben Ergebnissen gekommen bist. (Die Quersummen der vier Zahlen waren 16, 24, 6 und 20.) -

Die 5 war zufrieden und schlug vor, sich mit dem nächsten Satz zu beschäftigen. „Oh, den möchte ich so gern aufsagen“, bettelte die 4. „Das ist doch mein Satz!“ - Und als die 5 zustimmend nickte, rief sie laut und deutlich:

„Eine natürliche Zahl ist genau dann durch 4 teilbar,
wenn die Zahl aus den letzten beiden Ziffern
durch 4 teilbar ist.“

Sie verdeutlichte diesen Satz gleich an zwei Beispielen: „Die Zahl 13 032 ist also durch 4 teilbar, denn 32 ist es. Und die Zahl 13 434 dagegen ist nicht durch 4 teilbar, weil 34 es auch nicht ist.“

„Jetzt möchte ich wieder prüfen, ob alle Zahlen diesen Satz verstanden haben“, schaltete die 5 sich ein.

„Dazu müsst ihr aber noch eins wissen: 0 ist teilbar durch jede Zahl (denn wenn man nichts hat, kann man es stets gerecht an beliebig viele Zahlen oder Menschen verteilen).“ - Und sie rief: „173582.“ - „Nein“, schrien die Zahlen. Und dann ging es Schlag auf Schlag: „13103.“ „Nein.“ - „111116.“ „Ja.“ - „10000.“ „Ja.“

Wieder hatten die Zahlen in allen Fällen Recht gehabt. Es gilt ja $4 \nmid 82$ und $4 \nmid 3$ und $4 \mid 16$ und $4 \mid 0$.

Der Teilbarkeitssatz für die 5 wurde nur kurz erwähnt:

Eine natürliche Zahl ist genau dann durch 5 teilbar, wenn die letzte Ziffer eine 0 oder eine 5 ist.

Auf Beispiele verzichteten die Zahlen bei diesem *baby-leichten* Satz, wie sie ihn bezeichneten.

„So, damit haben wir die ersten vier Teilbarkeitssätze besprochen“, fasste die 5 zusammen. „Gibt es dazu noch Fragen?“ „Dazu nicht. Aber Fragen haben wir schon noch“, antworteten die 66 und die 77 fast gleichzeitig. „Wir hätten gern gewusst, was mit der 6 und der 7 ist! Für diese Zahlen haben wir nämlich keine Teilbarkeitssätze gefunden! Muss man da etwa immer dividieren?“ - „Und was ist mit der 8?“ - „Und mit der 9?“ – „Und wie viele Teilbarkeitssätze gibt es überhaupt?“ Es redeten so viele Zahlen durcheinander, dass es der 5 erst nach einer Weile gelang, Ruhe zu schaffen. Dann ging sie auf die Fragen und Kommentare der Zahlen ein.

„Einen Teilbarkeitssatz für die 7 konntet ihr auch nicht finden. Hier bleibt uns tatsächlich nichts anderes übrig als zu dividieren“, begann sie und fuhr nach kurzer Pause fort: „Bei der 6 verhält es zum Glück etwas anders. Wie ihr sicher einseht, ist eine Zahl nur dann durch 6 teilbar, wenn sie auch durch 2 teilbar ist (wenn ich einen Haufen Bonbons gerecht unter 6 Zahlen verteilen kann, dann geht das auch mit 2 Zahlen). Aus dem gleichen Grund muss eine durch 6 teilbare Zahl auch durch 3 teilbar sein. - Und auch das Umgekehrte gilt: eine durch 2 *und* durch 3 teilbare Zahl ist auch durch 6 teilbar! Wir können also formulieren:

Eine natürliche Zahl ist genau dann durch 6 teilbar,
wenn die letzte Ziffer eine 0, 2, 4, 6 oder 8 ist *und*
wenn die Quersumme durch 3 teilbar ist.

Das ist zum Beispiel bei 12408 der Fall. Und bei 672 und 111222." - Und wieder stellte die 5 einige Aufgaben.

Anschließend ging sie auf die Wünsche nach Teilbarkeitssätzen der 8 und der 9 ein. Die lange Diskussion will ich gar nicht wiedergeben. Hier die Sätze:

Eine natürliche Zahl ist genau dann durch 8 teilbar,
wenn die Zahl aus den letzten drei Ziffern
durch 8 teilbar ist.

Und:

Eine Zahl ist genau dann durch 9 teilbar,
wenn ihre Quersumme durch 9 teilbar ist.

Als Beispiele für den ersten Satz führte die 5 zwei Zahlen an: 31880 ist durch 8 teilbar, da 8 ein Teiler von 880 ist. Und 31841 ist nicht durch 8 teilbar, da 8 kein Teiler von 841 ist.

Hier wies die 5 daraufhin, dass dieser Teilbarkeitssatz bei der Anwendung größere Schwierigkeiten bereitet als die anderen; immerhin müsse man 3-stellige Zahlen auf ihre Teilbarkeit durch 8 untersuchen. Und damit biete dieser Satz nur für Zahlen, die größer als 1000 sind, eine Hilfe.

Mittlerweile wurden die Zahlen unruhig. - Sie hatten allmählich genug von Teilbarkeitssätzen und wollten spielen. „Das werden wir heute bestimmt noch tun", versicherte die 5. „Aber erst, wenn ihr folgende Tabelle ausgefüllt habt. Ich muss einfach sicher sein, dass jede von euch die Teilbarkeitssätze anwenden kann." - Bei diesen Worten drehte sie die Tafel um, und die angekündigte Tabelle wurde sichtbar:

	2	**3**	**4**	**5**	**6**	**7**	**8**	**9**
2640								
1071								
512								

„Ihr habt nun folgendes zu tun“, erklärte die 5. „Ihr sollt in jedes Kästchen ein + oder – schreiben, je nachdem, ob die oben stehende Zahl ein Teiler der links stehenden Zahl ist oder nicht.“ - Es dauerte nicht lange, da war die Tabelle ausgefüllt, und zwar so:

	2	**3**	**4**	**5**	**6**	**7**	**8**	**9**
2640	+	+	+	+	–	–	–	–
1071	–	+	–	–	+	–	–	+
512	+	–	+	–	–	–	+	–

Die 5 war nicht ganz zufrieden; es war nicht alles richtig.

Übungen

(54) Finde die vier Fehler in der ausgefüllten Tabelle oben.

(55) Kennzeichne Teiler oder Nicht-Teiler durch + oder – :

	2	3	4	5	6	7	8	9
90								
264								
224								
390								
72								
315								
357								
308								
108								
128								

Die Lösungen findest du auf S. 227.

Und dann war es endlich soweit: Es durfte gespielt werden. Die 5 erklärte kurz die Regeln für das erste Spiel: „Bei jeder Runde stehen sechs Zahlen in der Mitte dcs Spielfeldes. Ich gebe ein Merkmal an, das genau eine der Zahlen hat. Wer diese Zahl zuerst nennt, der bekommt einen Punkt.“

Und schon ging es los. Die ersten sechs Zahlen in der Mitte waren:

1017; 2226; 63; 24472; 73 und 140.

Hier die von der 5 genannten Merkmale:

M1: Die Zahl ist durch 8 teilbar,

M2: Die Zahl ist durch 2, aber nicht durch 4 teilbar.

M3: Die Zahl ist durch 9 und durch 7 teilbar.

M4: Die Zahl ist durch 3, aber nicht durch 9 teilbar.

M5: Die Zahl hat genau 2 Teiler.

M6: Die Zahl hat genau 3 Teiler.

M7: Die Zahl ist durch 9, aber nicht durch 7 teilbar.

M8: Die Zahl ist durch 5 und durch 4 teilbar.

M9: Die Zahl ist durch 6, aber nicht durch 4 teilbar.

Alle Antworten der Zahlen waren richtig. Aber die Spielleiterin hatte sich an einer Stelle geirrt. Eins der genannten Merkmale hatte keine der Zahlen. Den Zahlen gefiel dieses Spiel; sie beschäftigten sich noch gute zwei Stunden damit. Falls es dir genauso geht, hier zwei Übungen dazu:

Übungen

(56) Welches der Merkmale M1 bis M9 hat keine der oben angegebenen Zahlen?

(57) Welche der folgenden Zahlen haben die unten angegebene Eigenschaft? (Es können auch mehrere Zahlen sein.)

42; 1305; 287; 120; 981; 122.

E1: teilbar durch 7, aber nicht durch 3

E2: teilbar durch 5, aber nicht durch 2

E3: teilbar durch 3, aber nicht durch 9

E4: teilbar durch 9, aber nicht durch 5

E5: teilbar durch 6

E6: gerade, nicht durch 6 teilbar

E7: teilbar durch 2, durch 3 und durch 7

E8: teilbar durch 8, aber nicht durch 4.

Die Lösungen findest du auf S. 227f.

8.2 Primfaktorzerlegung von Zahlen

Am nächsten Morgen erschienen die meisten Zahlen viel zu früh auf dem Spielplatz. Sie waren gespannt auf die *Primfaktorzerlegung*, die sie alle noch nicht kannten. - Und außerdem hatte sich herumgesprochen, dass der König höchstpersönlich heute die Leitung übernehmen wollte.

Endlich kam er, begleitet von einigen Ministern. Er begrüßte die Zahlen und bat sie, sich für eine etwas längere Rede gemütlich hinzusetzen. Außerdem sollten alle darauf achten, dass sie die Tafel sehen könnten. Hier die Rede:

„Liebe Untertanen! Liebe natürliche Zahlen!
Ich nehme an, dass ihr alle eine ganze Menge über euch wisst; zum Beispiel

- wie groß ihr seid,
- wer euer Nachfolger, wer euer Vorgänger ist,
- ob ihr gerade oder ungerade seid,
- ob ihr eine Primzahl, eine Quadratzahl oder eine Kubikzahl seid,
- ob ihr durch 2, 3, 4, 5, 6, 7, 8 oder 9 teilbar seid,
- dass ihr alle, außer der 1, mindestens zwei Teiler habt.

Und wahrscheinlich weiß jede von euch noch viel mehr über sich.

Heute nun sollt ihr etwas Neues über euch erfahren; nämlich, aus welchen *Bestandteilen* ihr zusammengesetzt seid. - ‚Was soll das denn?' werdet ihr jetzt vielleicht denken, ‚unsere Bestandteile kennen wir doch längst. Das sind unsere Ziffern.' - Damit habt ihr zwar Recht - aber die Ziffern meine ich nicht. Ich meine die Bestandteile, die sichtbar werden, wenn eine Zahl in Faktoren zerlegt wird.

Eine solche Zerlegung ist zum Beispiel $30 = 3 \cdot 10$. Die Zahl 30 wird in die Faktoren 3 und 10 zerlegt.

Nur werden wir uns mit dieser Zerlegung noch nicht zufriedengeben. Wir wollen eine Zahl soweit zerlegen, bis es nicht mehr weitergeht, in kleinstmögliche Faktoren also.

In unserem Beispiel kann die 10 noch weiter zerlegt werden, in $2 \cdot 5$. Wir erhalten damit: $30 = 3 \cdot 2 \cdot 5$. Weiter geht es nun beim besten Willen nicht mehr, da alle Faktoren Primzahlen sind. - Und deshalb heißt eine solche Zerlegung einer Zahl **Primfaktorzerlegung.**

Am besten ist es wohl, ich gebe euch ein zweites Beispiel. Nehmen wir die Zahl 500. Es gilt: $500 = 50 \cdot 10$. Beide Faktoren können weiter zerlegt werden, die 50 in $5 \cdot 10$, die 10 in $2 \cdot 5$. Wir erhalten damit: $500 = 5 \cdot 10 \cdot 2 \cdot 5$. Nun stört nur noch die 10, die wir durch $2 \cdot 5$ ersetzen. Jetzt sieht es so aus: $500 = 5 \cdot 2 \cdot 5 \cdot 2 \cdot 5$. Zum Schluss ordnen wir die Primfaktoren noch der Größe nach; und fertig ist die ideale Primfaktorzerlegung: $500 = 2 \cdot 2 \cdot 5 \cdot 5 \cdot 5$.

Wenn ihr gern Hochzahlen verwendet, könnt ihr natürlich auch folgendes schreiben: $500 = 2^2 \cdot 5^3$."

Hier wurde der König unterbrochen. Die 500 hatte offensichtlich ein Problem. „Was wäre passiert", wollte sie wissen, „wenn wir beim Zerlegen anders angefangen hätten; etwa mit $500 = 5 \cdot 100$?" - „Gute Frage!" lobte die 0. - „Zerlegen wir deinen Vorschlag doch einfach weiter, wobei wir zunächst die 100 durch $4 \cdot 25$ ersetzen. Wir erhalten $500 = 5 \cdot 4 \cdot 25$. Eine weitere Zerlegung der Faktoren 4 und 25 in $2 \cdot 2$ und $5 \cdot 5$ ergibt: $500 = 5 \cdot 2 \cdot 2 \cdot 5 \cdot 5$.

Und nach dem Ordnen erhalten wir die gleiche Primfaktorzerlegung wie vorhin, nämlich: $500 = 2 \cdot 2 \cdot 5 \cdot 5 \cdot 5$." - „Stark!" Die 500 war begeistert. „Das ist ja wirklich dasselbe!" Aber so ganz zufrieden war sie offensichtlich immer noch nicht, denn sie fragte weiter: „Und wenn wir noch anders zerlegt hätten?" - „Da kannst du ganz beruhigt sein", versicherte ihr die 0, „du kommst auf jedem Weg zu derselben Primfaktorzerlegung. Und das gilt für jede Zahl; nicht nur für dich, die 500.

Nehmen wir noch eine andere Zahl, die 126, und zerlegen wir sie auf verschiedenen Wegen; etwa so:

(1) $126 = 3 \cdot 42 = 3 \cdot 6 \cdot 7 = 3 \cdot 2 \cdot 3 \cdot 7 = 2 \cdot 3 \cdot 3 \cdot 7$

(2) $126 = 7 \cdot 18 = 7 \cdot 3 \cdot 6 = 7 \cdot 3 \cdot 2 \cdot 3 = 2 \cdot 3 \cdot 3 \cdot 7$

(3) $126 = 6 \cdot 21 = 2 \cdot 3 \cdot 3 \cdot 7$.

Und wieder könnt ihr beobachten: Wir gelangen jedes Mal zur selben Primfaktorzerlegung. *

Allerdings ist es üblich, mit der kleinsten Primzahl, mit der 2, zu beginnen. Man teilt solange durch 2, bis es nicht mehr geht. Dann kommt die 3 an die Reihe, dann die 5, dann die 7 usw. - Und hierbei brauchen wir die Teilbarkeitssätze von gestern."

Hier machte die 0 eine Pause. Dann schlug sie vor, gemeinsam die Zahlen 1026 und 23 328 in Primfaktoren zu zerlegen:

Die meisten Zahlen hatten keine Schwierigkeiten; einige brauchten noch ein paar zusätzliche Erklärungen. Auf jeden Fall brauchten sie für 23 328 viel Geduld. Und sie arbeiteten gut zusammen. Schließlich stand folgendes - richtig - an der Tafel:

$1\,026 = 2 \cdot 513 = 2 \cdot 3 \cdot 171 = 2 \cdot 3 \cdot 57 = 2 \cdot 3 \cdot 3 \cdot 3 \cdot 19$ und

$$23\,328 = 2 \cdot 11664 = 2 \cdot 2 \cdot 5832 = 2 \cdot 2 \cdot 2 \cdot 2916 =$$
$$2 \cdot 2 \cdot 2 \cdot 2 \cdot 1458 = 2 \cdot 2 \cdot 2 \cdot 2 \cdot 2 \cdot 729 =$$
$$2 \cdot 2 \cdot 2 \cdot 2 \cdot 2 \cdot 3 \cdot 243 = 2 \cdot 2 \cdot 2 \cdot 2 \cdot 2 \cdot 3 \cdot 3 \cdot 81 =$$
$$2 \cdot 2 \cdot 2 \cdot 2 \cdot 2 \cdot 3 \cdot 3 \cdot 3 \cdot 3 \cdot 3 \cdot 3 = 2^5 \cdot 3^6.$$

*Dies übrigens ist der Grund, warum 1 nicht als Primzahl gilt: Sonst hätte alle Zahlen unendlich viele Primzahlzerlegungen; zum Beispiel $10 = 2 \cdot 5 = 2 \cdot 1 \cdot 5 = 1 \cdot 1 \cdot 1 \cdot 2 \cdot 5$.

Danach ließ die 0 den Zahlen Zeit, ihre eigene Primfaktorzerlegung zu finden. Das war für die Primzahlen natürlich langweilig - sie hatten nichts zu tun.

Am Abend gingen alle Zahlen glücklich nach Hause. Sie wussten mehr über sich als noch am Morgen: Sie kannten ihre Primfaktorzerlegung!

Übung

(58) Gegeben sind die zehn Zahlen
495; 1815; 338; 1125; 96; 9510; 720; 62; 700 und 828.

a) Gib für jede Zahl an, wie oft in der Primfaktorzerlegung der Faktor 2 vorkommt.

b) Welche Zahlen haben nicht den Primfaktor 5?

c) Zerlege die vier kleinsten der zehn Zahlen in Primfaktoren.

Die Lösungen findest du auf S. 228.

8.3 Der größte gemeinsame Teiler von zwei Zahlen

Wie du schon am Anfang dieses Kapitels gelesen hast, übten die Zahlen das Bestimmen des größten gemeinsamen Teilers und des kleinsten gemeinsamen Vielfachen zweier Zahlen während meines Aufenthaltes, weil eine Reise ins Land der Bruchzahlen bevorstand.

Bruchzahlen sind zum Beispiel die Zahlen $\frac{1}{2}$ oder $\frac{6}{7}$ oder $\frac{12}{9}$.

Jede Bruchzahl besteht aus zwei natürlichen Zahlen und einem Bruchstrich. Die Zahl über dem Bruchstrich heißt *Zähler*, die Zahl unter dem Bruchstrich heißt *Nenner*. Will man zwei Bruchzahlen addieren oder subtrahieren, so braucht man den größten gemeinsamen Teiler und das kleinste gemeinsame Vielfache der beiden Nenner dieser Brüche.

Beschäftigen wir uns zunächst mit dem *größten gemeinsamen Teiler* von zwei Zahlen. Die allgemein übliche Abkürzung für diesen langen Begriff ist **ggT** - und wir wollen sie ab jetzt verwenden.

Den ggT zweier Zahlen a und b zu bestimmen heißt nichts anderes, als unter den gemeinsamen Teilern der beiden Zahlen den größten herauszusuchen.

Dazu ein Beispiel: Die Zahl 18 hat die Teiler 1; 2; 3; 6; 9 und 18. Wir schreiben dafür auch: $T_{18} = \{1; 2; 3; 6; 9; 18\}$; ‚T' ist dabei eine Abkürzung von ‚Teilermenge'. Die Zahl 42 hat die Teiler 1; 2; 3; 6; 7; 14; 21 und 42. d. h. Die Zahlen 18 und 42 haben also die Teiler 1; 2; 3 und 6 gemeinsam. Von diesen Teilern ist 6 der größte.

Demnach gilt: der ggT von 18 und 42 ist 6. Die Zahlen schreiben dafür kurz und bündig: ggT(18; 42) = 6.

Ein zweites Beispiel: Die Zahl 72 und 108 haben die Teilermengen $T_{72} = \{1; 2; 3; 4; 6; 8; 9; 12; 18; 24; 36; 72\}$ und

$T_{108} = \{1; 2; 3; 4; 6; 9; 12; 18; 27; 36; 54; 108\}$.

Die gemeinsamen Teiler sind 1; 2; 3; 4; 6; 9; 12; 18 und 36. Der größte davon ist 36. Also gilt: ggT(72; 108) = 36.

‚Diese Beispiele sind ja gut zu verstehen, aber was mache ich, wenn zwei Zahlen gar keinen gemeinsamen Teiler haben?' wirst du jetzt vielleicht denken. ‚Was dann?' - Denk einmal genau nach - oder sieh dir die obigen Beispiele noch einmal an! Ja richtig: *Einen* gemeinsamen Teiler haben alle Zahlen, nämlich die 1. - Wenn es nun nicht mehr gemeinsame Teiler gibt, dann ist die 1 eben der ggT. Das kommt auch gar nicht so selten vor. So gilt zum Beispiel:
ggT(4; 27) = 1 und ggT(12; 49) = 1 und ggT(100; 169) = 1.
Allerdings scheinen die Zahlen diesen Teiler, die 1, doch nicht ganz für voll zu nehmen. Sonst hätten sie sich bestimmt nicht folgende Definition ausgedacht:

Def. 35:

Zwei Zahlen, deren ggT 1 ist, heißen **teilerfremd.**

Nun wirst du dich wahrscheinlich fragen, wie man den ggT am schnellsten und sichersten bestimmen kann. Genau dasselbe wollten die Zahlen von ihrem König wissen. Hier ist die Antwort der 0:

„Zur Zeit sind uns drei Methoden zur Bestimmung des ggT bekannt“, begann sie. „Eine davon ist erst kürzlich - im Land der Bruchzahlen - entdeckt worden. Und es ist auch nicht ausgeschlossen, dass eine von euch eines Tages eine weitere Methode findet.

Die älteste der drei Möglichkeiten ist die Bestimmung des ggT durch einfaches Hinsehen; bei kleinen Zahlen ist das immer noch der schnellste Weg. - Nehmt zum Beispiel die Zahlen 6 und 9. Wer da nicht auf den ersten Blick sieht, dass ihr größter gemeinsamer Teiler die 3 ist, der tut mir leid. Genauso klar ist wohl: ggT(10; 15) = 5 und ggT(30; 45) = 15. Diese Methode solltet ihr sooft wie möglich anwenden - einfacher geht es wirklich nicht.

Bei der zweiten Möglichkeit bestimmt man zunächst die Teiler der beiden Zahlen. Dann sucht man die gemeinsamen Teiler; der größte von ihnen ist der gesuchte ggT.

Dazu ein Beispiel: Die Zahl 54 hat die Teiler 11; 2; 3; 6; 9; 18; 27 und 54. Die Zahl 90 hat die Teiler 1; 2; 3; 5; 6; 9; 10; 15; 18; 30; 45 und 90. Gemeinsame Teiler sind: 1; 2; 3; 6; 9 und 18. Also ist 18 der ggT von 54 und 90. Diese Methode kann immer angewendet werden, wenn bloßes Hinsehen zu keinem Ergebnis führt. Aber sie hat auch Nachteile: erstens dauert die Bestimmung der Teilermengen oft recht lange, und zweitens ist man bei größeren Zahlen nie ganz sicher, ob man keinen Teiler vergessen hat.

Deshalb sind die Bruchzahlen auch so froh über die Entdeckung der neuen Methode. Es handelt sich um die Bestimmung des ggT mit Hilfe der Primfaktorzerlegung.“ Hier legte die 0 eine kurze Pause ein und bot den Zahlen an, Fragen zu stellen. Aber es gab keine Fragen, so fuhr die 0 fort:

„Meine Minister und ich haben diese dritte Methode erst kürzlich kennengelernt - und auch wir sind begeistert. Euch wird es sicher nicht anders gehen. Also aufgepasst:

Die Bestimmung des ggT mit Hilfe der Primfaktorzerlegung geschieht in drei Schritten. - Ich zeige sie euch am Beispiel der Zahlen 840 und 396.

1. Schritt: Beide Zahlen werden in Primfaktoren zerlegt.

$840 = 2 \cdot 2 \cdot 2 \cdot 3 \cdot 5 \cdot 7$ und $396 = 2 \cdot 2 \cdot 3 \cdot 3 \cdot 11$

2. Schritt: Gemeinsame Faktoren werden eingekreist; und zwar zweimal, wenn ein Faktor in beiden Zerlegungen zweimal vorkommt, dreimal, wenn ein Faktor in beiden Zerlegungen dreimal vorkommt usw. Das heißt für unser Beispiel:

$840 = (2) \cdot (2) \cdot 2 \cdot (3) \cdot 5 \cdot 7$ und $396 = (2) \cdot (2) \cdot (3) \cdot 3 \cdot 11$

3. Schritt: Die eingekreisten Faktoren - aber nur bei einer der Zahlen - werden multipliziert; das Produkt ist der gesuchte ggT. Das heißt für unser Beispiel: ggT $(840; 396) = (2) \cdot (2) \cdot (3) = 12$."

Wieder machte die 0 eine Pause. Dann fragte sie die Zahlen, wie ihnen diese Methode gefiele. Die Meinungen waren geteilt. Viele waren begeistert, andere wieder meinten, die Primfaktorzerlegung könne ja auch recht lange dauern. Daraufhin schlug die 0 vor, zum Vergleich den ggT von 840 und 396 auch noch mit Hilfe der Teilermengen zu ermitteln. Die Zahlen waren einverstanden - ich glaube, sie wussten nicht so recht, worauf sie sich da einließen! Auf jeden Fall verging einige Zeit, bevor die Teilermengen gefunden waren. Es waren:

T_{840}={1; 2; 3; 4; 5; 6; 7; 8; 10; 12; 14; 15; 20; 21; 24; 28; 30; 35; 40; 42; 56; 60; 70; 84; 105; 120; 140; 168; 210; 280; 420; 840} und T_{396} = {1; 2; 3; 4; 6; 9; 11; 12; 18; 22; 33; 36; 44; 66; 99; 132; 198; 396}. Und auch wenn die Zahlen hier ebenfalls zum Ergebnis ggT(840; 396) = 12 kamen, so waren jetzt doch alle von der neuen Methode überzeugt.

Anschließend bestimmten sie gemeinsam den ggT von 594 und 252, wobei sie sich an das vorgegebene Schema *Zerlegen - Einkreisen - Multiplizieren* hielten. Der ermittelte ggT war 18.

Und dann konnte endlich gespielt werden! Die 0 rief 10 Zahlenpaare auf. Und auf das Kommando ‚Los‘ hatte jedes Paar seinen ggT zu suchen, möglichst schnell natürlich.

Von den aufgerufenen Paaren (75/175), (1000/280), (64/96), (392/147), (100/121), (136/85), (50/38), (50/200), (46/115) und (14/189) gewann das Paar (64/96).

Übung:

(59) Die zehn Zahlenpaare oben berechneten folgende Zahlen als ihre größten gemeinsamen Teiler (der Größe nach geordnet):

1; 2; 7; 8; 17; 23; 25; 32; 49; 50.

Ein Paar hat sich verrechnet. Welches? Und welchen ggT hat es?

Die Lösungen findest du auf S. 228.

8.4 Das kleinste gemeinsame Vielfache von zwei Zahlen

Nach den ggT-Spielen lernten die Zahlen das Bestimmen des *kleinsten gemeinsamen Vielfachen* zweier Zahlen. - Leider kann ich meine Aufzeichnungen von jenem Tag nicht finden; so werde ich dir mit eigenen Worten die Erklärungen der 0 wiedergeben.-

Der Begriff *kleinstes gemeinsames Vielfaches* ist ebenso leicht zu verstehen wie *größter gemeinsamer Teiler*. Hier geht es darum, aus allen gemeinsamen Vielfachen von zwei Zahlen das kleinste herauszusuchen. Zur Erinnerung: *Vielfaches* verhält sich zu *Teiler* wie *Vater* zu *Sohn*. Wenn Hans der Sohn von Gustav ist, dann ist Gustav der Vater von Hans; und wenn a ein Teiler von b ist, dann ist b ein Vielfaches von a. Das kleinste gemeinsame Vielfache von zwei Zahlen x und y (die allgemein übliche Abkürzung ist kgV) ist die kleinste Zahl, die sich durch x *und* durch y teilen lässt. So ist 12 das kgV von 6 und 4. Und 24 ist das kgV von 8 und 6.

Wie beim größten gemeinsamen Teiler gibt es auch für die Bestimmung des kleinsten gemeinsamen Vielfachen mehrere Methoden:

I. Bestimmung des kgV durch einfaches Hinsehen

Bei kleinen Zahlen erkennt man das kgV oft auf den ersten - oder zumindest auf den zweiten - Blick. Man sieht zum Beispiel sofort: kgV(15; 6) = 30 oder kg (2; 7) = 14 oder kgV(100; 150) = 300.

II. Bestimmung des kgV mit Hilfe der Mengen der Vielfachen

Hier werden von den Mengen der Vielfachen beider Zahlen so viele Elemente aufgeschrieben, bis eine Zahl in beiden Mengen auftaucht. Sie ist das gesuchte kleinste Vielfache. (Die Mengen der Vielfachen können natürlich nicht vollständig angegeben werden, da sie unendlich viele Elemente haben.)
Nehmen wir als Beispiel das Zahlenpaar (180/100).
Es gilt: V_{180} = {180; 360; 540; 720; **900**; 1080; 1260; 1440…}
und: V_{100} = {100; 200; 300; 400; 500; 600; 700; 800; **900**…}
900 ist die erste Zahl, die in beiden Mengen vorkommt; sie ist das gesuchte kgV. - Diese Methode gefiel den Zahlen nicht besonders gut; mir übrigens auch nicht. - Man weiß ja nie, wie viele Elemente man von der ersten Menge aufschreiben muss. -
Man kann allerdings auch ein wenig anders vorgehen: Man berechnet zunächst das Doppelte der einen Zahl und prüft nach, ob es ein Vielfaches der anderen Zahl ist. Wenn nicht, dann berechnet man das Dreifache der einen Zahl und prüft nach, ob es ein Vielfaches der anderen Zahl ist. Ebenso verfährt man mit dem Vierfachen, dem Fünffachen usw. bis man ein gemeinsames Vielfaches gefunden hat. - Aber auch diese Methode kann ziemlich zeitaufwändig sein.

III. Bestimmung des kgV mit Hilfe des ggT

Es gibt Zahlenpaare, bei denen der ggT sofort erkennbar ist, das kgV aber nicht. In solch einem Fall ist folgendes Vorgehen ratsam:
(1) Man bestimmt den ggT.
(2) Man dividiert eine der beiden Zahlen durch den ggT.
(3) Man multipliziert das Ergebnis dieser Division mit der anderen Zahl - und man erhält das kgV.

Dieses Vorgehen zeigte die 0 am Beispiel (100/180). Hier in Kürze die drei Schritte und das Ergebnis:

(1) ggT(100; 180) = 20 (2) 100 : 20 = 5 (3) 5 · 180 = 900.
Ergebnis: kgV(100; 180) = 900.

Möglich ist auch:

(1) ggT(100; 180) = 20 (2) **180** : 20 = **9** (3) **9 · 100** = 900.

Ergebnis: kgV(100; 180) = 900.

IV. Bestimmung des kgV mit Hilfe der Primfaktorzerlegung

Auch hier kommt man mit drei Schritten ans Ziel:
(1) Man zerlegt beide Zahlen in Primfaktoren.
(2) Man kreist die gemeinsamen Faktoren ein.
(2) Man multipliziert eine der beiden Zahlen mit den nicht eingekreisten Faktoren der anderen.

Diese Methode zeigte die 0 am Beispiel (378/588). Hier die drei Schritte:
1) 378 = 2 · 3 · 3 · 3 · 7 und 588 = 2 · 2 · 3 · 7 · 7
2) 378 = (2) · (3) · 3 · 3 · (7) und 588 = (2) · 2 · (3) · (7) · 7
3) entweder 3 · 3 · 588 = 5292 oder 2 · 7 · 378 = 5292.
Ergebnis: kgV(588; 378) = 5292.

Übung

(60) Gegeben sind zehn Zahlenpaare und für neun dieser Paare die kleinsten gemeinsamen Vielfache. Ordne zu und bestimmen das fehlende kgV. Nimm jeweils die für dich beste Methode.

(110/70)	(200/250)	(34/51)	(35/55)	(13/17)
(180/600)	(150/600)	(196/735)	(28/63)	(275/50)

Die kgV: 102; 221; 385; 550; 600; 770; 1 000; 1 800; 2 940.
Die Lösungen findest du auf S. 228f.

Die Zahlen erfanden natürlich auch das kgV-Spiel: Zahlenpaare mussten um die Wette ihr kleinstes gemeinsames Vielfaches finden.

8.5 Eigenschaften von ggT und kgV

Ich glaube mich zu erinnern, dass die Zahlen sich drei volle Tage mit nichts anderem beschäftigten als mit dem ggT- und dem kgV-Spiel. „Dagegen sind Summen-, Differenzen-, Produkt- und Quotienten-Spiel direkt langweilig", behaupteten sie lässig. „Hier gibt es wenigstens mehr zu tun!" - Sie erfanden eine Verbindung beider Spiele: Zwei Zahlen a und b mussten beides suchen, ihren ggT und ihr kgV. Erst wenn alle vier Zahlen [a, b, ggT(a;b), kgV(a;b)] - sie nannten das ein ‚Quartett'- in der Spielfeldmitte standen, bekamen a und b je einen Punkt. Solche Quartetts waren zum Beispiel: [33; 55; 11; 165] oder auch [14; 21; 7; 42].

Ich hatte den Eindruck, dass nach dem ersten Spieltag etliche Zahlen wesentlich schneller waren im Bestimmen von ggT und kgV als andere. Ob sie besondere Tricks kannten? - Meine Vermutung war gar nicht so falsch, wie mir bald bestätigt wurde. Am Morgen des dritten Tages nämlich stellten sich die Zahlen 1, 13 und 26 in die Spielfeldmitte und baten um Ruhe. „Wir haben so einiges entdeckt, was wir euch nicht vorenthalten wollen", sagte die 13. „Vielleicht fängst du an?" wandte sie sich an die 1.

„Gern", antwortete diese und begann: „Wenn ihr euch für das Quartettspiel einen Partner aussuchen dürft, dann kann ich mich, die 1, sehr empfehlen. Weshalb? Nicht, weil ich so gut aussehe und so nett bin. Nein, meine Empfehlung hat einen anderen Grund. Aber den könntet ihr eigentlich selber herausfinden."- Und die 1 stellte den Zahlen sechs Aufgaben. Die 13 schrieb diese Aufgaben mit den - sehr schnell gefundenen - Ergebnissen an die Tafel. Dort war nach einer Weile zu lesen:

$ggT(7; 1) = 1$, $ggT(1; 24) = 1$, $ggT(456; 1) = 1$,

$kgV(14; 1) = 14$, $kgV(1; 117) = 117$, $kgV(13; 1) = 13$.

„Ich hab's, ich hab's“, rief die 22 plötzlich und wandte sich an die 1: „Der größte gemeinsame Teiler von dir und irgendeiner Zahl bist immer du, und das kleinste gemeinsame Vielfache von dir und irgendeiner Zahl ist immer die andere Zahl!“ - „Super“, lobte die 1, „genau das wollte ich hören.“ - „So super finde ich das aber gar nicht“, widersprach die 41. Sie war sehr leicht eifersüchtig und manchmal etwas neidisch. „Die 22 hätte sich viel eleganter, viel mathematischer ausdrücken können!“ Und sie schrieb an die Tafel:

Es gilt: $ggT(a; 1) = 1$ und $kgV(a; 1) = a$ für alle $a \in \mathbf{N}$.

„Auch deine Leistung finde ich super, sehr sogar!“ sagte die 1 anerkennend zur 41, und diese strahlte zufrieden. „Ihr seht also“, fasste die 1 noch einmal zusammen und wandte sich dabei an alle Zahlen, „wer mich wählt beim Quartettspiel, der braucht überhaupt nicht zu rechnen.“

„Für rechenfaule Zahlen fällt mir noch etwas anderes ein“, ergänzte die 16. „Es gilt doch zum Beispiel $ggT(7; 7) = 7$, $ggT(6; /67) = 67$ ... und $kgV(543; 543) = 543$, $kgV(99; 99) = 99$ ...“

„Oh, cool!“ - „Danke für diesen Tipp!“ - Die Zahlen waren begeistert und die 513 sprach aus, was alle dachten: „Wenn wir uns selbst als Partner wählen, dann sind wir auch gleichzeitig der ggT und das kgV. Das gibt allerdings etwas langweilige Quartette, alle vier Zahlen sind gleich.“

- „Und wie könnte man diese Entdeckung mit Platzhaltern formulieren?“ fragte die 0, die jetzt wieder die Spielleitung übernahm. Wieder war es die 41, die als erste die Antwort wusste:

Es gilt: $ggT(a; a) = a$ und $kgV(a; a) = a$ für alle $a \in \mathbf{N}$.

Es entstand eine kurze Pause, und ich wollte gerade anfangen, von der Tafel abzuschreiben, als ich schon wieder zuhören musste. Diesmal redeten die 13 und die 26 fast gleichzeitig: „Uns ist noch etwas aufgefallen! Wenn ihr euch beim Quartettspiel als Partner einen Teiler oder ein Vielfaches von euch holt, dann habt ihr auch nicht gerade viel zu tun bei der Bestimmung von ggT und kgV." Und sie verwiesen auf ggT(24; 48) = 24, kgV(48; 24) = 48 und ggT(4; 12) = 4, kgV(4; 12) = 12. - Die Zahlen kapierten schnell; diesmal gelang der 24 die mathematische Formulierung zuerst:

Wenn a ein Teiler von b ist, dann gilt:
ggT(a; b) = a und kgV(a; b) = b für alle a, b $\in$ **N**.

Nun wurde es einigen Zahlen aber offensichtlich zu viel mit den neuen Erkenntnissen. „Stopp!"- „Aufhören!" riefen sie. „Mehr können wir uns sowieso nicht merken." - So konnte die 13 ihre zweite Entdeckung nicht mehr loswerden, nämlich die, dass der ggT von zwei Primzahlen stets 1 ist. Als Beispiele hatte sie sich überlegt: ggT(2; 5) = 1, ggT(17; 13) = 1 und ggT(2; 19) = 1.

Die 0 schlug 10 Minuten Pause vor; und dann ging es weiter mit dem Quartettspiel. Von den vielen Spielrunden ist mir die letzte besonders in Erinnerung geblieben: Da sollten zehn Quartette vervollständigt werden, bei denen jedoch auch ab und zu a oder b fehlten! Ich habe die Aufgaben für dich mitgeschrieben.

Übung

(61) Vervollständige folgende Quartette [a ; b; ggT(a; b), kgV(a; b)]:

1	30; 45; ;	**2**	10; 17; ;	**3**	50; 10; ;
4	; ; 11; 11	**5**	; 41; 1; 1271	**6**	27; 45; ;
7	170; 1; ;	**8**	; 24; 8; 168	**9**	10; ; 5; 270

Die Lösungen findest du auf S. 229.

Am Abend gab es noch eine hitzige Auseinandersetzung.
Im Laufe des Tages waren bei den Spielen Karten mit der Aufschrift **ggT(;)** und **kgV(;)** benutzt worden. Und beim Aufräumen konnte man sich nicht einigen, ob diese Karten in die Kiste mit den Verknüpfungszeichen oder in die Kiste mit den Relationszeichen gehörten. Die Diskussion wurde immer lauter und unsachlicher, so dass die 0 sich schließlich einschaltete (bevor du ihre Erklärung liest, solltest du die Frage der Zahlen zuerst einmal für dich beantworten!)

„In beiden Fällen, beim ggT und beim kgV", begann die 0, „wird zwei Zahlen eine dritte Zahl, ein Ergebnis, zugeordnet. Es gibt ein Gleichheitszeichen! Also sind ggT und kgV Verknüpfungen."

Sicher, die Schreibweise ist ungewöhnlich. Wir könnten aber statt ggT(14; 35) = 7 auch 14ggT35 = 7 schreiben und 14kgV 35 = 70 statt kgV(14; 35) = 70. Dann hättet ihr sicher keine Schwierigkeit gehabt, ggT und kgV als Verknüpfungen zu erkennen. - Übrigens sind beide kommutativ und assoziativ. Aber darüber können wir uns später einmal unterhalten. - Für heute haben wir alle genug getan. Morgen geht es weiter!"

„Oh, für morgen habe ich einen Vorschlag", rief die 29. „Morgen sollten wir einmal den kleinsten gemeinsamen Teiler und das größte gemeinsame Vielfache von zwei Zahlen bestimmen. Wegen der Abwechslung!" – „In Ordnung", meinte die 0. „Bis morgen überlegt ihr alle euch, ob ihr den Vorschlag der 29 gut findet oder nicht."

Und das solltest du auch tun. Nimm dir folgende Aufgaben zur Hilfe (kgT heißt jetzt natürlich *kleinster gemeinsamer Teiler* und ggV *größtes gemeinsames Vielfaches*):

kgT(13; 11), kgT(6; 3), kgT(24; 18), kgT(34; 34), kgT(50; 10),
ggV(12; 18), ggV(45; 15), ggV(6; 8), ggV(17; 17), ggV(678; 1).

Was meinst du zu dem Vorschlag mit dem kgT und ggV?
Meine Meinung dazu findest du auf S. 229.

Die Zahlen wollten gerade auseinandergehen, als der König sie zurückrief. „Ich muss euch leider eine unerfreuliche Mitteilung machen“, begann er. „Unser Gast aus dem Menschenland muss uns morgen verlassen; am Montag beginnt für sie die Schule wieder.“ - „Oh“, schrien die Zahlen enttäuscht, „wie schade!“ Und ich glaube, sie waren wirklich ein wenig traurig.

Jetzt wandte sich die 0 an mich: „Ich bin sicher, dass ich für alle Zahlen spreche, wenn ich dir sage, dass uns der Abschied von dir richtig schwerfällt! - Wir hoffen, dass es dir bei uns gefallen hat und dass du viel von uns erzählen wirst, wenn du zu Hause bist. Und dass du so viel Interessantes von uns erzählen wirst, dass uns noch viele Lehrer besuchen kommen.

Und damit du zumindest noch das ganze nächste Jahr an uns denkst, schenken wir dir zum Abschied diesen Kalender; mit zwölf Kreuzzahlrätseln, für jeden Monat eins. Falls du sie zusammen mit deinen Schülern lösen willst, vergiss nicht, ihnen zweierlei zu sagen: Erstens komme ich, die 0, in keinem der Rätsel als Ziffer vor - und zweitens ist ein Palindrom eine Zahl, die gleich bleibt, wenn man sie rückwärts liest.“

Und sie überreichte mir ein großes flaches Paket.

Ich dankte der 0 für ihre Rede und für den Kalender und versicherte ihr und allen Zahlen, dass ich mich sehr wohlgefühlt hätte im Zahlenland, dass mir der Abschied sehr schwerfiele und dass ich sehr viel erzählen würde! Und das war wirklich nicht gelogen!!

Damals wusste ich allerdings noch nicht, dass ich schon meine nächsten Ferien im Land der Bruchzahlen verbringen würde!

Kapitel 9: Ein originelles Abschiedsgeschenk - ein Kreuzzahlrätsel-Kalender

Januar

A	B	C	D
E		F	
G	H		I
J		K	

WAAGERECHT

A das Doppelte einer Primzahl
C die Quersumme ist 10
E teilbar durch 31
F Summe aus 18 und 29
G teilbar durch 18
I Primzahl
J Teiler von B senkrecht
K Primzahl mit einer Quadratzahl als Quersumme

SENKRECHT

A Quadratzahl, kleiner als 200
B Quotient aus 504 und 12
C Kubikzahl
D um 2 größer als eine Quadratzahl
F durch 9 teilbar
H die Zehnerziffer ist 5-mal so groß wie die Einerziffer
I die Quersumme ist 5
J Teiler von E waagerecht

Februar

A	B	C	D
E		F	
G	H	I	
J	K	L	

WAAGERECHT

A kleinste 3-stellige Quadratzahl
D Kubikzahl
E teilbar durch 11
F teilbar durch 7
G gerade Primzahl
H Quadratzahl
J das Doppelte von E waagerecht
L Primzahl

SENKRECHT

A Primzahl
B Palindrom
C Primzahl, beide Ziffern sind Quadratzahlen
D nur ungerade Ziffern, Quersumme ist 20
G Teiler von 52
I teilbar durch 3, nicht durch 9.
K eine Zahl mit genau vier Teilern

März

A	B	C	D
E	F		
G		H	
I			J

WAAGERECHT

A Quadratzahl
D der Vorgänger ist eine Quadratzahl,
der Nachfolger ist eine Primzahl
E Primzahl
F Nachfolger von F senkrecht
G teilbar durch 9
H Differenz von 203 und 161
I die Quersumme ist 19
J Differenz der Ziffern von G waagerecht

SENKRECHT

A Teiler von 48
B Quadratzahl
C die Einerziffer ist doppelt so groß wie die
Zehnerziffer
D Palindrom mit Quersumme 12
F Produkt aus 11 und 17.
G Primzahl
H Quadratzahl

April

A	B	C	D	E
F			G	
H		I		J
K	L		M	
N		O		

WAAGERECHT

A Primzahl
C Vielfaches von 73
F Ziffern werden von links nach rechts immer größer
G die Quersumme ist 3
H um 6 kleiner als A waagerecht
I die Quersumme ist 3
K Produkt aus 17 und 23

M teilbar durch 13
N eine gerade Quadratzahl

O teilbar durch 7

SENKRECHT

A die Quersumme ist 15
B Differenz aus 607 und 220
C Primzahl zwischen 53 und 61
D Quadrat von E senkrecht
E ungerade Zahl, teilbar durch 11.
H Primzahl
I die gleiche Zahl wie I waagerecht
J alle Ziffern sind gleich
L beide Ziffern sind Quadratzahlen
M Vorgänger von N waagerecht

Mai

A	B	C	D	E
F			G	
H		I		J
K	L		M	
N		O		

WAAGERECHT

A teilbar durch 25

C das Doppelte einer Quadratzahl

F Quersumme 10

G steht zwischen zwei Primzahlen

H Vielfaches von 5 und 7

I Produkt aus 17 und 42

K Palindrom

M teilbar durch 27, keine Quadratzahl

N größte 2-stellige Primzahl

O Quotient aus 1188 und 9

SENKRECHT

A Summe aus M waagerecht und 19

B um 200 größer als F waagerecht

C Quadratzahl

D Quadratzahl

E gerader Teiler von K waagerecht

H Teiler von 384

I Vielfaches von 18

J Nachfolger von D senkrecht

L die Quersumme ist 11

M Vorgänger von M waagerecht

Juni

A	B	C	D	E
F			G	
H			I	J
K	L	M	N	
O				

WAAGERECHT

A Quadratzahl und Zweierpotenz
C Quadratzahl
F Quadratzahl zwischen 200 und 300
G hat dieselbe Quersumme wie A waagerecht
H kgV von 123 und 369
I ggT von 42 und 63
K hat dieselbe Quersumme wie M waagerecht
M Vielfaches von 69
O Vielfaches von 43 431

SENKRECHT

A Das Doppelte einer Primzahl
B teilbar durch 3
C unterscheidet sich von O waagerecht um 106
D ist die Quersumme von J senkrecht
E Primzahl
G teilbar durch 9
H Vorgänger von H waagerecht
J gerade Zahl
L Quadratzahl
N das Doppelte einer Primzahl

Juli

A	B	C		D	E
F			G		
H		I		J	K
L	M	N	O		
P		Q		R	

WAAGERECHT

A kgV von 21 und 28
C Vielfaches von 15 mit gerader Quersumme
D Quadratzahl
F die Quersumme ist 11
G Rückwert von K senkrecht
H Zweierpotenz
I hat dieselbe Quersumme wie F waagerecht
J ggT von 28 und 42
L Vorgänger von I waagerecht
N alle Ziffern sind gleich
P das Doppelte des Nachfolgers von D waagerecht
Q Quadratzahl
R Teiler von 63

SENKRECHT

A Quadratzahl größer 70
B gerade Zahl; die Ziffern werden immer kleiner
C alle Ziffern sind gleich
D teilbar durch 7
E teilbar durch 27
G hat die Quersumme 5
H Vielfaches von C waagerecht
J Quadratzahl
K Das Dreifache von F waagerecht
M Zweierpotenz
N die Quersumme ist J waagerecht
O Primzahl

August

A	B	C	D	E	F
G		H		I	
J	K		L	M	
N	O		P		Q
R		S		T	

WAAGERECHT

A die Quersumme ist 4
D Palindrom
G Quadratzahl; die Quersumme ist T waagerecht
H Quadratzahl
I das Doppelte einer Quadratzahl
K Kubikzahl
L die Quersumme ist 11
N L waagerecht mal 5
P R waagerecht ist die Quersumme dieser Zahl
R Teiler von H waagerecht
S die Quersumme ist 17
T Primzahl

SENKRECHT

A die Differenz der Ziffern ist 3
B Palindrom größer als 199
C alle Ziffern ungerade und verschieden
D Vielfaches von 38
E kleinste 2-stellige Kubikzahl
F 6 kleiner als D waagerecht
J Rückwert von S waagerecht
L Teiler von D senkrecht
M das 19-fache von G waagerecht
O kgV von 26 und 4
Q Primzahl größer 75

September

A	B	C		D	E
F			G		
H		I		J	K
L	M	N	O		
P		Q		R	

WAAGERECHT

A Quadratzahl
C A senkrecht minus H waagerecht
D Primzahl
F Palindrom, hat dieselben Ziffern wie N waagerecht
G kgV von 17 und 11
H teilbar durch 11
I Quadratzahl
J teilbar durch 5 und 7
L das Doppelte einer Quadratzahl
N um 5 kleiner als C senkrecht
P teilbar durch 7
Q Quadratzahl
R Quersumme ist einstellig

SENKRECHT

A ggT von 66 und 99
B Summe aus F waagerecht und H senkrecht
C Teiler von 276
D Vorgänger einer Quadratzahl
E keine Primzahl
G Palindrom
H größte Zahl kleiner 300
J Palindrom
K das Doppelte von H senkrecht
M die Quersumme ist kleiner als 10
N ist die Quersumme von E senkrecht
O hat genau 4 Teiler

0ktober

WAAGERECHT

A Primzahl zwischen 200 und 220
D Differenz von 550 und 111
G das Dreifache einer Quadratzahl
I Produkt aus 471 und 8
J das Vierfache von A waagerecht
K Quotient aus 3487 und 11
L Teiler von Q senkrecht
M Quadratzahl
N Primzahl
O K senkrecht plus dem Achtfachen von U waagerecht
R teilbar durch 27
T Quadratzahl
U das Dreifache von G waagerecht

SENKRECHT

A die Quersumme ist 9
B genauso groß wie ihr Quadrat
C Vielfaches von 67
D Primzahl
E Quadratzahl
F die Ziffern werden immer kleiner
H Produkt aus 68 und 8
J die Quersumme ist 11
K teilbar durch 17
M das Doppelte von K waagerecht
N Palindrom
P das Doppelte von Q senkrecht
Q die Zehnerziffer ist das Quadrat der Einerziffer
S Teiler von 45

0ktober

A	B	C	D	E	F
G	H	I	G		
J			K		
L		M		N	
O	P		Q	R	S
T			U		

November

WAAGERECHT

A teilbar durch 11, aber nicht durch 3
C um 699 kleiner als J senkrecht
G Palindrom
H gerade Zahl, beide Ziffern sind Quadratzahlen
I Produkt aus M waagerecht und D senkrecht
L die Zehnerziffer ist das Quadrat der Einerziffer
M Summe aus A waagerecht und T waagerecht
O gerade Quadratzahl, kleiner als 200
Q Vielfaches von 9
R teilbar durch 7
T Differenz aus A waagerecht und D senkrecht
U Differenz aus A waagerecht und K senkrecht
V so viele Möglichkeiten gibt es, die Buchstaben a, b, c und d anzuordnen
W die fünfte Potenz einer Zahl (a^5)

SENKRECHT

A nur ungerade Ziffern, die immer kleiner werden
B die Quersumme ist eine Quadratzahl
C Kubikzahl (a^3)
D Quadratzahl
E alle Ziffern sind gleich
F teilbar durch 7
J Palindrom
K kleiner als T waagerecht
N Quadratzahl, teilbar durch 4
P gerade Zahl
Q eine Zahl, die teilbar ist durch ihre Quersumme
S die Zehnerziffer ist größer als die Einerziffer
T Primzahl, beide Ziffern sind Primzahlen

November

A	B	C	D	E	F
G				H	
I		J	K	L	
M	N		O		P
Q		R	S	T	
U		V		W	

Dezember: Der Tannenbaum

WAAGERECHT

B das Fünffache von U senkrecht
D Quadratzahl mit Quersumme 9
E die Quersumme ist 18
G durch 5 und durch 7 teilbar
I Summe aus G waagerecht und V waagerecht
K teilbar durch 79
M um 2 größer als C senkrecht
O kgV von 24 und 9
P das Doppelte einer Quadratzahl
R keine Quadratzahl
S Palindrom
V Kubikzahl
W die Quersumme ist gerade
X Primzahl
Y größte 2-stellige Primzahl
Z Palindrom, hat dieselbe Quersumme wie R waagerecht

SENKRECHT

A alle Ziffern sind gleich
B die Einerziffer ist das Produkt der anderen beiden Ziffern
C teilbar durch 9
E Quadratzahl
F alle Ziffern sind gleich
H das Produkt aus V waagerecht und X waagerecht
J ist um 1 330 größer als L senkrecht
L das Produkt der Ziffern ist 2
M teilbar durch 7
N Quadratzahl
Q die Quersumme ist 17
T der Rückwert von L senkrecht
U Quadratzahl mit Quersumme 13

Dezember: Der Tannenbaum

A

B C

D

E F G H

I J K L

M N O P Q

R S T U

V W X Y

Z

Lösungen

Kapitel 2

S. 18 – 43

(1) für 11 und 3: 14; 8; 33; *.
für 140 und 7: 147; 133; 980; 20.
für 24 und 30: 54; *; 720; *.

(2) T5: $11 \cdot (15 \cdot 8 - 14 \cdot 8) + 6 \cdot 2 - [7 \cdot (3 - 2) + 1] =$
$11 \cdot (120 - 112) + 6 \cdot 2 - [7 \cdot 1 + 1] =$
$11 \cdot 8 + 12 - 8 =$
$88 + 12 - 8 =$
$100 - 8 = 92$

T6: $[700 : (6 \cdot 6 + 8 \cdot 8) - 5 + 4] \cdot 110 =$
$[700 : (36 + 64) - 5 + 4] \cdot 110 =$
$[700 : 100 - 5 + 4] \cdot 110 =$
$[7 - 5 + 4] \cdot 110 =$
$[2 + 4] \cdot 110 =$
$6 \cdot 110 = 660$

T7: $(3 \cdot 18 - 2 \cdot 18 + 11 \cdot 18 + 8 \cdot 18) : (15 + 45) =$
$(54 - 36 + 198 + 144) : 60 =$
$(18 + 198 + 144) : 60 =$
$(216 + 144) : 60 =$
$360 : 60 = 6$

T8: $60 : 10 \cdot 2 + 40 : 4 : 2 =$
$6 \cdot 2 + 10 : 2 =$
$12 + 5 = 17$

(3) T9: $27 - (5 + 3) + 121 : 11 =$
$27 - 8 + 11 =$
$19 + 11 = 30$

T10: $[(4 + 46) : 25] \cdot (100 - 9 \cdot 11) =$
$[50 : 25] \cdot (100 - 99) =$
$2 \cdot 1 = 2$

T11: $[200 : 10 : 4 + 3 \cdot (7 - 4)] \cdot (7 + 3) =$
$[20 : 4 + 3 \cdot 3] \cdot 10 =$
$[5 + 9] \cdot 10 =$
$14 \cdot 10 = 140$

T12: $25 : (4 + 10 - 9) - 18 : 9 =$
$25 : (14 - 9) - 2 =$
$25 : 5 - 2 =$
$5 - 2 = 3$

T13: $1000 : (2 \cdot 2 \cdot 3 - 2 \cdot 2) =$
$1000 : (4 \cdot 3 - 4) =$
$1000 : (12 - 4) =$
$1000 : 8 = 125$

T14: $(13 + 3 - 4 \cdot 2) \cdot (92 - 85) =$
$(13 + 3 - 8) \cdot 7 =$
$(16 - 8) \cdot 7 =$
$8 \cdot 7 = 56$

T15: $3 \cdot [3 \cdot (3 + 3)] =$
$3 \cdot [3 \cdot 6] =$
$3 \cdot 18 = 54$

(4)

T18: $194 + 2018 + 6 + 982 =$
$(194 + 6) + (2018 + 982) =$
$200 + 3\,000 = 3\,200$

T19: $5 \cdot 174 \cdot 20 =$
$5 \cdot 20 \cdot 174 =$
$100 \cdot 174 = 17\,400$

T20: $5 \cdot 13 \cdot 2 - 5 \cdot 12 \cdot 2 =$
$5 \cdot 2 \cdot 13 - 5 \cdot 2 \cdot 12 =$
$10 \cdot 13 - 10 \cdot 12 =$
$130 - 120 = 10$

T21: $11 \cdot 17 - 3 \cdot 17 + 10 \cdot 17 - 8 \cdot 17 =$
$(11 - 3 + 10 - 8) \cdot 17 =$
$10 \cdot 17 = 170$

T22: $4 \cdot 103 + 4 \cdot 97 =$
$4 \cdot (103 + 97) =$
$4 \cdot 200 = 800$

T23: $5 \cdot 11 + 11 \cdot 11 + 14 \cdot 11 =$
$(5 + 11 + 14) \cdot 11 =$
$30 \cdot 11 = 330$

(5) T24: $(7^3 - 2 \cdot 3^2 + 11) \cdot 2 =$
$(343 - 2 \cdot 9 + 11) \cdot 2 =$
$(343 - 18 + 11) \cdot 2 =$
$(343 - 18 + 11) \cdot 2 =$
$336 \cdot 2 = 672$

T25: $(13^2 - 147^\circ) \cdot 1^{12} - 14 =$
$(169 - 1) \cdot 1 - 14 =$
$168 - 14 = 154$

T26: $169 : 13 - 11 + 4 \cdot 15^2 =$
$13 - 11 + 4 \cdot 225 =$
$2 + 900 = 902$

(6) T27: $3 \cdot 13 + 7 \cdot 13 - 9 \cdot 13 =$
$(3 + 7 - 9) \cdot 13 =$
$1 \cdot 13 = 13$

T28: $2^4 + 1^5 - 3^2 =$
$16 + 1 - 9 =$
$17 - 9 = 8$

T29: $9999 + 387 + 1 + 113 =$
$9999 + 1 + 387 + 113 =$
$10\,000 + 500 = 10\,500$

T30: $2^7 \cdot [(74 - 68) : 3 - 317°] =$
$128 \cdot [6 : 3 - 1] =$
$128 \cdot [2 - 1] =$
$128 \cdot 1 = 1$

T31: $(100 - 11 \cdot 3^2) \cdot (5^3 - 5^2) =$
$(100 - 11 \cdot 9) \cdot (125 - 25) =$
$(100 - 99) \cdot 100 =$
$1 \cdot 100 = 100$

T32: $1^2 + 2^2 + 3^2 + 4^2 =$
$1 + 4 + 9 + 16 = 30$

T33: $64 : 2^3 \cdot 2 - 3 \cdot 5 =$
$64 : 8 \cdot 2 - 15 =$
$8 \cdot 2 - 15 =$
$16 - 15 = 1$

T34: $(1131 + 5231)° = 1$

T35: $3^2 - 2^3 =$
$9 - 8 = 1$

T36: $25 \cdot 1\,432 \cdot 4 =$
$25 \cdot 4 \cdot 1\,432 =$
$100 \cdot 1\,432 = 143\,200$

T37: $2^6 - 4^3 =$
$64 - 64 = 0$

T38: $9 + 11 \cdot 5 - 4 =$
$9 + 55 - 4 =$
$64 - 4 = 60$

(7)

$2^3 + 10 \cdot 4$	$3 \cdot 16$
$12^2 - 24 + 1$	$11 \cdot (9 + 2)$
$13 - 12^0$	$72 : 6$
$1 + 4 \cdot 6$	$5^3 : 5$
$(4 : 2) \cdot 33$	$3 \cdot 2 \cdot 11$

$10 - (8 - 1)$	$123 : 41$
$9 \cdot 7 : 3$	$13^2 - 148$
$3^2 \cdot 2^4$	12^2
$1000 : (300 - 50)$	$65 : 13 - 1$
$(7 \cdot 11) : (70 + 7)$	$10 - 8 - 1$

(8) Mögliche ‚Gewinnterme':

Los 1: $(3 + 6) \cdot 9 = 81$ oder $(12 - 6 + 3) \cdot 9 = 81$
Los 2: $(11 - 3)^2 + 1 = 65$
Los 3: $5 \cdot 6 \cdot 7 = 210$
Los 4: ----
Los 5: $16 + 4 = 20$ oder $(2 + 3) \cdot (16 : 4) = 20$
Los 6: ----
Los 7: $(8 + 4 - 7) \cdot 10 = 50$
Los 8: $(2^5 - 12) \cdot 6 = 120$
Los 9: ----
Los 10: $25 - 144 : 12 = 13$ oder $25 \cdot 1 - 144 : 12 = 13$
Los 11: $16 - 9 = 7$
Los 12: $(3 : 3) \cdot 3 = 3$ oder $(7 - 3 - 3) \cdot 3 = 3$

(9)

1) $4 \cdot (3 - 1) + 8 = 16$
2) $4 \cdot 3 - (1 + 8) = 3$
3) $4 \cdot (3 - 1 + 8) = 40$
4) $(12 + 1)^2 - 4 - 2 = 163$

5) $12 + 1^2 - (4 + 2) = 7$

6) $250 : (50 : 5) = 25$

7) $(3 + 2) \cdot (4 + 1) = 25$

8) $(3 + 2) \cdot 4 + 1 = 21$

9) $3 + 2 \cdot (4 + 1) = 13$

10) $(15 + 5) : 4 + 1 = 6$

11) $15 + 5 : (4 + 1) = 16$.

(10) Bei Nr. 8 hatte die 43 nicht aufgepasst: sie hätte $(6 : 2) \cdot 6 = 18$ bilden können

(11) 1, 3, 6 mit $(3 : 1) \cdot 6 = 18$
1, 4, 6 mit $(4 : 1) \cdot 6 = 24$
1, 5, 6 mit $(5 : 1) \cdot 6 = 30$
2, 6, 6 mit $(6 : 2) \cdot 6 = 18$.
1, 4, 5 mit $(4 : 1) \cdot 5 = 20$
1, 5, 5 mit $(5 : 1) \cdot 5 = 25$
1, 6, 6 mit $(6 : 1) \cdot 6 = 36$

(12)

1) $4 : 4 - 1 = 2 \cdot 8 \cdot 1 \cdot 0$

2) $5 \cdot (3 + 3) : 6 = 7 - 1 - 1$

3) $8 - 7 + 3 + 3 = 1 + 8 - 2$

4) $(7 + 5) : 4 + 3 \cdot 0 = 9 - 6$

5) $(4 + 2) : 6 + 4 + 2 - 3 = 4$

6) $3 + 6 - 4 \cdot 0 + 1 = 7 + 3$

7) $2 \cdot 3 \cdot 6 = (8 + 7 - 6) \cdot 4$

8) $1 \cdot 0 + 2 \cdot (4 + 2) = 6 \cdot 2$

9) $(4 \cdot 2 \cdot 3) : 4 = 9 - 0 - 3$

10) $8 + (1 - 1) \cdot 5 = 4 + 2 + 2$

Kapitel 3

S. 44 - 91

(13)

$1^2 =$ **1**	$2^2 =$ **4**	$3^2 =$ **9**	$4^2 =$ **16**	$5^2 =$ **25**
$6^2 =$ **36**	$7^2 =$ **49**	$8^2 =$ **64**	$9^2 =$ **81**	$10^2 =$ **100**
$11^2 =$ **121**	$12^2 =$ **144**	$13^2 =$ **169**	$14^2 =$ **196**	$15^2 =$ **225**
$16^2 =$ **256**	$17^2 =$ **289**	$18^2 =$ **324**	$19^2 =$ **361**	$20^2 =$ **400**

(14)

$1^3 = 1 \cdot 1 \cdot 1 =$ **1**	$2^3 = 2 \cdot 2 \cdot 2 = 4 \cdot 2 =$ **8**
$3^3 = 3 \cdot 3 \cdot 3 = 9 \cdot 3 =$ **27**	$4^3 = 4 \cdot 4 \cdot 4 = 16 \cdot 4 =$ **64**
$5^3 = 5 \cdot 5 \cdot 5 = 25 \cdot 5 =$ **125**	$6^3 = 6 \cdot 6 \cdot 6 = 36 \cdot 6 =$ **216**
$7^3 = 7 \cdot 7 \cdot 7 = 49 \cdot 7 =$ **343**	$8^3 = 8 \cdot 8 \cdot 8 = 64 \cdot 8 =$ **512**
$9^3 = 9 \cdot 9 \cdot 9 = 81 \cdot 9 =$ **729**	$10^3 = 10 \cdot 10 \cdot 10 = 100 \cdot 10 =$ **1000**

(15)

1) w 2) f 3) w 4) f 5) f 6) w.

(16) 2; 3; 5; 7; 11; 13; 17; 19; 23; 29; 31; 37; 41; 43; 47.

(17)

11	12	13	14	15	16	17	18	19	20
(1)	**(1)**	**(1)**	**(1)**	**(1)**	**(1)**	**(1)**	**(1)**	**(1)**	**(1)**
(11)	**(2)**	**(13)**	**(2)**	**(3)**	**(2)**	**(17)**	**(2)**	**(19)**	**(2)**
	(3)		**(7)**	**(5)**	**(4)**		**(3)**		**(4)**
	(4)		**(14)**	**(15)**	**(8)**		**(6)**		**(5)**
	(6)				**(16)**		**(9)**		**(10)**
	(12)						**(18)**		**(20)**

21	22	23	24	25	26	27	28	29	30
(1)	**(1)**	**(1)**	**(1)**	**(1)**	**(1)**	**(1)**	**(1)**	**(1)**	**(1)**
(3)	**(2)**	**(23)**	**(2)**	**(5)**	**(2)**	**(3)**	**(2)**	**(29)**	**(2)**
(7)	**(11)**		**(3)**	**(25)**	**(13)**	**(9)**	**(4)**		**(3)**
(21)	**(22)**		**(4)**		**(26)**	**(27)**	**(7)**		**(5)**
			(6)				**(14)**		**(6)**
			(8)				**(28)**		**(10)**
			(12)						**(15)**
			(24)						**(30)**

(18)

1) {1; 18; 12} ∪ {4; 12; 6} = {1; 18; 12; 4; 6}

2) { 3; 5; 7} ∪ {7; 8} = { 3; 5; 7,8}

3) {5; 7; 4; 11; 234} ∪ **N** = **N**

4) {13; 11} ∪ **Ø** = {13; 11}

(19) 1. Fehler E ∩ **Ø** ist falsch angegeben. Da die leere Menge kein Element hat, ist die Schnittmenge **Ø**.
2. Fehler: A ∩ **Qu** ist falsch angegeben; 6 ist keine Quadratzahl. Die Schnittmenge ist: {1; 4}.

(20) ….immer die leere Menge **Ø.**

(21) 1) {43; 6; 23} ∩ {5; 6; 7} = {6}

2) {1; 81; 23; 64} ∩ **Qu** = {1; 81; 64}

3) {6; 7; 31} ∩ **N** = {6; 7; 31}

4) {3; 31; 89} ∩ **Ø** = **Ø**

5) **G** ∩ **P** = {2}

6) {67; 21; 3} ∩ **P** = {67; 3}

(22) 1) {10; 11; 23} \ {1; 23} = {10; 11}

2) {3; 12; 1} \ {1} = {3; 12}

3) {4; 7; 8} \ **N** = **Ø**

4) {3; 4} \ {5: 6; 7} = {3; 4}

5) {17; 18; 19} \ {18; 20; 24} = {17; 19}

6) {18; 20; 24} \ {17; 18; 19} = {20; 24}

(23)

	A	B	A ∪ B	A ∩ B	A \ B
1	{1; 2; 7}	{2; 3; 4}	{1; 2; 7; 3; 4}	{ 2}	{1; 7}
2	{12; 13}	{1; 2; 15}	{12;13;1;2;15}	**Ø**	{12; 13}
3	**N**	**U**	**N**	**U**	**G**
4	{6; 7; 8}	**N**	**N**	{6;7;8}	**Ø**
5	{4; 6; 8}	{4; 6; 8}	{4; 6; 8}	{4;6;8}	**Ø**
6	{217}	{1; 5; 67}	{217;1;5;67}	**Ø**	{217}
7	**G**	**U**	**N**	**Ø**	**G**
8	{2; 3; 5}	**P**	**P**	{2;3;5}	**Ø**
9	{11;2;3}	{3;4;55}	{11;2;3;4;55}	{ 3}	{11;2}
10	{43; 17}	**Ø**	{43; 17}	**Ø**	{43; 17}
11	**Ø**	{43; 17}	{43; 17}	**Ø**	**Ø**
12	{3; 4; 9}	{3; 4; 7}	{3; 4; 9; 7}	{3; 4}	{9}
13	{3; 4; 7}	{3; 4; 9}	{3; 4; 9; 7}	{3; 4}	{7}

(24)

A	B 1	$A \cup B$ 1
{2; 4; 1}	{ 3; 7}	**{2; 4; 1; 3; 7}**

$A \cap B$ 1	$A \setminus B$ 1	$B \setminus A$ 1
{ }	**{2; 4; 1}**	**{ 3; 7}**

A	B 2	$A \cup B$ 2
{2; 3; 4; 5}	{ 4; 5; 6; 7}	**{2; 3: 4; 5; 6; 7}**

$A \cap B$ 2	$A \setminus B$ 2	$B \setminus A$ 2
{4; 5}	**{2; 3}**	**{6; 7}**

A	B 3	$A \cup B$ 3
{4; 8: 9}	{ 2; 4; 8; 9}	**{ 2; 4; 8; 9}**

$A \cap B$ 3	$A \setminus B$ 3	$B \setminus A$ 3
{4; 8; 9}	**Ø**	**{ 2}**

A	B 4	$A \cup B$ 4
{1: 4; 11}	{ 2; 3; 5}	**{1: 4; 11; 2 ; 3; 5}**

$A \cap B$ 4	$A \setminus B$ 4	$B \setminus A$ 4
{ }	**{1: 4; 11}**	**{ 2; 3; 5}**

A	**B**	**5**
{1; 2; 17}	**{11; 2; 17}**	

A ∪ B	**5**
{1; 2; 17; 11}	

A ∩ B 5	**A \ B** 5	**B \ A** 5
{2; 17}	{1}	{11}

A	**B**	**6**
{2; 3; 5; 8}	**{7; 5; 8}**	

A ∪ B	**6**
{2; 3; 5; 7; 8}	

A ∩ B 6	**A \ B** 6	**B \ A** 6
{5; 8}	{2; 3}	{7}

A	**B**	**7**
{1; 3; 11}	**{18; 11}**	

A ∪ B	**7**
{1; 3; 11; 18}	

A ∩ B 7	**A \ B** 7	**B \ A** 7
{11}	{1; 3}	**{18}**

A	**B**	**8**
{ 2; 8; 10}	**{ 4; 6}**	

A ∪ B	**8**
{ 2; 4; 6; 8; 10}	

A ∩ B 8	**A \ B** 8	**B \ A** 8
Ø	**{ 2; 8; 10}**	{ 4; 6}

A	**B** 9	**A ∪ B** 9
Ø	**Ø**	**Ø**

A ∩ B 9	**A \ B** 9	**B \ A** 9
Ø	**Ø**	**Ø**

A	**B** 10	**A ∪ B** 10
{3; 4; 8; 7}	**{1; 2; 7}**	**{3; 4; 8; 7; 1; 2}**

A ∩ B 10	**A \ B** 10	**B \ A** 10
{7}	{3; 4; 8}	{1; 2}

A	**B** 11	**A ∪ B** 11
{ 1; 2; 3}	**{3}**	{ 1; 2; 3}

A ∩ B 11	**A \ B** 11	**B \ A** 11
{3}	**{ 1; 2}**	{ }

A	**B** 12	**A ∪ B** 12
{11;121}	**{1}**	**{1; 11;121}**

A ∩ B 12	**A \ B** 12	**B \ A** 12
Ø	{11;121}	{1}

(25) Tabelle 1:

A	**B**	**A ∪ B**	**A ∩ B**	**A \ B**	**B \ A**
{2;3;4}	{3;7;4}	{2;3;4;7}	{3;4}	{2}	{7}

Tabelle 2:

A	**B**	**A ∪ B**	**A ∩ B**	**A \ B**	**B \ A**
{1;7;3}	{2;4}	{1;7;2;4;3}	{ }	{1;7;3}	{2;4}

Es gibt auch andere mögliche Änderungen!

Tabelle 3:

A	**B**	**A ∪ B**	**A ∩ B**	**A \ B**	**B \ A**
{3;19}	{6}	{3;19;6}	{ }	{3;19}	{6}

Tabelle 4:

A	**B**	**A ∪ B**	**A ∩ B**	**A \ B**	**B \ A**
{3;11}	{2;11}	{2;3;11}	{11}	{3}	{2}

Es gibt eine weitere mögliche Änderung!

Tabelle 5:

A	**B**	**A ∪ B**	**A ∩ B**	**A \ B**	**B \ A**
{1}	{1;2}	{1;2}	{1}	{ }	{2}

Es gibt auch andere mögliche Änderungen!

Kapitel 4

S. 92 – 108

(26) Def. 2 (neu): Für $a \in \mathbf{N}$ und $b \in \mathbf{N}$) heißt **a > b** : a steht weiter rechts auf dem Zahlenstrahl als b.

Def.3 (neu): Eine Zahl, die aus n Ziffern besteht, heißt **n-stellig**.

Def.11 (neu): **a | b** (a ist **Teiler** von b) heißt: b lässt sich ohne Rest durch a teilen.

Def.12 (neu): **a** $\nmid$ **b** (a ist **kein Teiler** von b) heißt: b lässt sich nicht ohne Rest durch a teilen.

(du kannst natürlich bei allen Definitionen auch andere Buchstaben nehmen).

(27)

Bei der Subtraktion, bei der Division und beim Potenzieren ist die Stellung der Klammer wichtig, denn es gilt zum Beispiel:

I: $(10 - 6) - 3 = 4 - 3 = 1$, aber $10 - (6 - 3) = 10 - 3 = 7$.

II: $(60 : 10) : 2 = 6 : 2 = 3$, aber $60 : (10 : 2) = 60 : 5 = 12$.

III: $(2^2)^3 = 4^3 = 64$, aber 2 hoch $(2^3) = 2^8 = 256$.

(28) Bei der Addition und bei der Multiplikation.

(29) Die Vereinigung und die Schnittmengenbildung sind assoziativ. Unabhängig von der Stellung der Klammer besteht die Vereinigungsmenge von drei Mengen immer aus allen Zahlen, die entweder zu A oder zu B oder zu C gehören, und die Schnittmenge besteht aus den Zahlen, die zu allen drei Mengen gehören.

Die Restmengenbildung ist nicht assoziativ. Für die Mengen $A = \{1; 2; 3; 4\}$, $B = \{2; 7\}$ und $C = \{2; 3\}$ zum Beispiel gilt: $(A \setminus B) \setminus C = \{1; 3; 4\} \setminus \{2; 3\} = \{1; 4\}$, aber

$A \setminus (B \setminus C) = \{1; 2; 3; 4\} \setminus \{7\} = \{1; 2; 3; 4\}$.

Kapitel 5

S.109 – 136

(30)

(1) $3 > 1$; $5 > 3$; $5 > 1$; $7 > 1$; $7 > 3$;
$7 > 5$; $9 > 1$; $9 > 3$; $9 > 5$; $9 > 7$.

(2) $1 = 1$; $3 = 3$; $5 = 5$; $7 = 7$; $9 = 9$.

(3) $1 \mid 1$; $1 \mid 3$; $1 \mid 5$; $1 \mid 7$; $1 \mid 9$;
$3 \mid 3$; $3 \mid 9$; $5 \mid 5$; $7 \mid 7$; $9 \mid 9$.

(31) Die Zahl 9, denn: (1) $\mathbf{9 < 11}$ und (2) $\mathbf{9 \geq 8}$ und (3) $\mathbf{9 \mid 9}$.
Dies ist die einzige Zahl, denn in (3) passen nur noch 1 und 3, und beide passen nicht in (2).

(32) (1) $\nmid$ und $\neq$ (2) $<$, $\mid$ und $\neq$ (3) $\nmid$ und $\neq$.

(33)

(1) 1/2, 1/3, 1/4, 2/3, 2/4, 3/4.
(2) 4/3, 4/2, 4/1, 3/2, 3/1, 2/1.
(3) 1/2, 1/3, 1/4, 2/1, 2/3, 2/4, 3/1, 3/2, 3/4, 4/3, 4/2, 4/1.
(4) 1/1, 2/2, 3/3, 4/4.
(5) 1/1, 1/2, 1/3, 1/4, 2/2, 2/4, 3/3, 4/4.
(6) 2/1, 2/3, 2/4, 3/1, 3/2, 3/4, 4/1, 4/2, 4/3.

(34)

1) keine Zahl
2) 1, 2, 3, 4, 5
3) 1, 2, 3
4) 1, 2, 3, 4, 5, 6
5) 1, 2, 3, 4, 5, 6, 7, 8, 9
6) 1, 2, 3
7) 1, 2, 3, 4, 5.
8) keine Zahl
9) 1, 2, 4, 5
10) 3, 6, 9
11) 5, 7, 9
12) 1, 3, 5, 7, 9
13) 10
14) 1, 2, 3, 5, 6, 7, 8, 9
15) keine Zahl

(35)

1) $<$, $\leq$, $\mid$, $\neq$.

2) $\leq$, $\geq$, $\mid$, $=$.

3) $>$, $\geq$, $\nmid$, $\neq$.

4) $<$, $\leq$, $\nmid$, $\neq$.

5) $>$, $\geq$, $\nmid$, $\neq$.

(36) Folgende Teilmengen kommen hinzu:
{4}, {1;4}, {2;4}, {3;4}, {1;2;4}, {1;3;4}, {2;3:4} , {1;2;3:4}.

(37)

Die 18 Paare sind: $C \cong F$, $D \cong H$, $D \cong M$, $D \cong R$, $E \cong L$,
$F \cong C$, $H \cong D$, $H \cong M$, $H \cong R$, $I \cong J$, $J \cong I$, $L \cong E$,
$M \cong D$, $M \cong H$, $M \cong R$, $R \cong D$, $R \cong H$, $R \cong M$.

(38)

Die 15 Paare sind: $D \subset F$, $E \subset D$, $E \subset F$, $E \subset I$, $H \subset C$, $I \subset F$, $J \subset C$, $J \subset H$, $J \subset M$, $J \subset R$, $L \subset C$, $L \subset H$, $L \subset M$, $M \subset C$, $R \subset C$.

(39)

Relation	**r**	**s**	**t**	**Relation**	r	s	t
$=$	+	+	+	$>$	–	–	+
$\neq$	–	+	–	$\subset$	–	–	+
$\cong$	+	+	+	$\subseteq$	+	–	+
$<$	–	–	+	$\supset$	–	–	+
$\leq$	+	–	+	$\supseteq$	+	–	+
$\geq$	+	–	+	$\mid$	+	–	+

Kap. 6

S. 136 - 160

(40)

a) $62 = 4 \cdot 5 + 6 \cdot 7$

$60 = 3 \cdot 4 \cdot 5$

$35 = 5 \cdot 7$ oder $35 = 5 \cdot (3 + 4)$ oder $35 = 6 \cdot 7 - 3 - 4$

$77 = 7 \cdot (5 + 6)$

$14 = 7 \cdot (5 - 3)$ oder $14 = 3 + 5 + 6$

$26 = (6 + 7) \cdot (5 - 3)$

$22 = (7 + 4) \cdot (5 - 3)$ oder $22 = 4 + 5 + 6 + 7$

$0 = 4 + 5 - 6 - 3$

b) $9 = 10 : 2 + 4$

$11 = 10 : 2 + 6$ oder $11 = 6 : 2 + 8$

$13 = 10 : 2 + 8$ oder $13 = 10 + 6 : 2$.

(41)

1)	x = 21	2)	L = { }
3)	x = 27	4)	x = 7
5)	L = { }	6)	L = { }
7)	x = 2	8)	x = 165
9)	x = 12	10)	x = 16
11)	x = 22	12)	x = 17
13)	x = 0	14)	x = 101
15)	x = 131		

(42)

1) x – 10 = 3 <=> x = 13
2) x + 8 = 11 <=> x = 3
3) x · 11 = 121 <=> x = 11
4) x : 7 = 4 <=> x = 28
5) 3 · x = 12 <=> x = 4
6) 7 · x = 21 <=> x = 3

(43)

Gleichung 14:
Vereinfachung_des rechten Terms – Multiplikation mit 16 – Subtraktion von 93 – Division durch 7.
Gleichung 15:
Vereinfachung_des rechten Terms – Addition von 71 – Division durch 3 – Addition von74.

(44)

Die Äquivalenzumformungen werden in der vorgenommenen Reihenfolge aufgeführt; man beginnt mit der fett gedruckten Zahl. Für Gleichung 1) heißt das zum Beispiel: (1) Multiplikation mit 20; (2) Subtraktion von 7; (3) Division durch 3.

1) x = (**5** · 20 – 7) : 3 x = 31
2) x = (**257** – 7) : 5 x = 50
3) x = **35** · 3 + 10 x = 115
4) x = ((**84** : 4) + 1) : 2 x = 11
5) x = (**180** – 11) : 13 x = 13
6) x = (**76** – 76) : 23 x = 0

(45)

1)	{0; 1; 2; 3; 4; 5}	2)	{101; 102; 103;.....}
3)	{0; 1; 2}	4)	{0; 1; 2; 3}
5)	{14; 15; 16; ....}	6)	{8; 9; 10; ......}
7)	{0; 1; 2; 3; 4}	8)	{4; 5; 6; ....}

(46)

Die Äquivalenzumformungen werden in der vorgenommenen Reihenfolge aufgeführt.

Für Ungleichung 9) heißt das zum Beispiel: (1) Multiplikation mit 11; (2) Addition von 4; (3) Division durch 2.

1) $x \leq 18 : 2$ $\quad x \leq 9$ $\quad L = \{0; 1; 2; ....; 9\}$

2) $x > (304 - 4) : 3$ $\quad x > 100$ $\quad L = \{101; 102; 103; ...\}$

3) $x < 55 : 5 - 7$ $\quad x < 4$ $\quad L = \{0; 1; 2; 3\}$

4) $x > 30 : 5 + 7$ $\quad x > 13$ $\quad L = \{14; 15; 16; ....\}$

5) $x < 8 - 10$ $\quad L = \{\ \}$

6) $x > 10 - 10$ $\quad x > 0$ $\quad L = \{1; 2; 3; ....\}$

7) $x \geq 5 : 5$ $\quad x \geq 1$ $\quad L = \{1; 2; 3;....\}$

8) $x < (22 - 10) : 3$ $\quad x < 4$ $\quad L = \{0; 1; 2; 3\}$

9) $x \leq (4 \cdot 11 + 4) : 2$ $\quad x \leq 24$ $\quad L = \{0; 1; 2; ....; 24\}$

10) $x \geq [(27 - 3) : 2 + 3] : 5$ $\quad x \geq 3$ $\quad L = \{3; 4; 5; ....\}$

Kapitel 7

S.136 – 160

(47)

1) $(a + 13) \cdot 2$ $\quad$ 2) $(a + 13) \cdot a$ $\quad$ 3) $7 \cdot (3 + a)$

4) $a \cdot a + a$ $\quad$ 5) $a^2 + 11$ $\quad$ 6) a^a

(48)

a	$a^2 + 3$	$2 \cdot a^2$	$3 \cdot a - 2$	$(a + a) \cdot 10$
1	4	2	1	20
2	7	8	4	40
3	12	18	7	60
4	19	32	10	80
5	28	50	13	100
6	39	72	16	120

(49)

a	$a + a$	$2 \cdot a$	$15 \cdot a - 13 \cdot a$
1	2	2	2
2	4	4	4
3	6	6	6
4	8	8	8
5	10	10	10

(50)

$b + 3 \cdot b = 4 \cdot b$

$(b + b) \cdot 3 = 6 \cdot b$

$b + b + b = 4 \cdot b - 1 \cdot b$

$b^2 + b = b \cdot (b + 1)$

$10 \cdot b + 2 \cdot b = 23 \cdot b - 11 \cdot b$

(51) 1) $8c = 3c + 7c - \mathbf{2c}$ 2) $2c - 2 + c = 3c - 7 + \mathbf{5}$

3) $100c - 9c = 7c \cdot \mathbf{13}$ 4) $(c \cdot c + 5) \cdot 2 = 10 + \mathbf{2c^2}$

5) $9c^2 - 8c^2 = c^2 - 7 + \mathbf{7}$.

(52)

$17a - 11a + 12a - a + 3a = 20a$

$a = 17$: $20 \cdot 17 = 340$; $a = 18$: $20 \cdot 18 = 360$; $a = 19$: $20 \cdot 19 = 380$.

(53)

Die errechneten Werte sind
für den vereinfachten Term 11a in (1) : 77; 88; 99,
für den vereinfachten Term 5b in (2) : 100; **105**; 110,
für den vereinfachten Term 8c in (3) : 8; 16; **24**; 32; 40,
für den vereinfachten Term $2a^2$ in (4) : 200; 242; 288.
Die Quersumme 6 haben 105 und 24.

Kapitel 8

S.170 – 192

(54)

	6	**7**	**8**	
2640	–		–	2640 ist durch 2 und 3, also auch durch 6 teilbar , 640 ist durch 8 teilbar, also auch 2640.
1071	+	–		1071 ist ungerade; also nicht durch 6 teilbar. 1071 = 7 · 153, also ist 1071 durch 7 teilbar.

(55)

	2	3	4	5	6	7	8	9
90	+	+	–	+	+	–	–	+
264	+	+	+	–	+	–	+	–
224	+	–	+	–	–	+	+	–
390	+	+	–	+	+	–	–	–
72	+	+	+	–	+	–	+	+
315	–	+	–	+	–	+	–	+
357	–	+	–	–	–	+	–	–
308	+	–	+	–	–	+	–	–
108	+	+	+	–	+	–	–	+
128	+	–	+	–	–	–	+	–

(56)

M1 hat 24 472; M2 hat 2 226; M3 hat 63; M4 hat 2 226;
M5 hat 73; **M6 hat keine der Zahlen** M7 hat 1 017;
M8 hat 140; M9 hat 2 226.

(57)

E1	E2	E3	E4	E5	E6	E7	E8
287	1305	42 und 120	981	42und 120	122	42	---

(58)

a) 0-mal Faktor 2: 495, 1815 und 1125 .

1-mal Faktor 2: 338; 9510 und 62.

2-mal Faktor 2: 700 und 828

3-mal Faktor 2: --

4-mal Faktor 2: 720

5-mal Faktor 2: 96

b) 338; 96; 62 und 828.

c) $62 = 2 \cdot 31$

$96 = 2 \cdot 2 \cdot 2 \cdot 2 \cdot 2 \cdot 3$

$338 = 2 \cdot 13 \cdot 13$

$495 = 3 \cdot 3 \cdot 5 \cdot 11$

(59)

(75/175)	(1000/280)	(64/96),	(392/147),	(100/121),
25	**40**	32	49	1
(136/85),	(50/38),	(50/200),	(46/115)	(14/189)
17	2	50	23	7

Das Paar (1000/280) hatte sich verrechnet. Der ggT ist 40 und nicht 8.

(60)

(110/70)	(200/250)	(34/51)	(35/55)	(13/17)
770	1 000	102	385	221
(180/600)	(150/600)	(196/735)	(28/63)	(275/50)
1 800	600	2 940	**252**	550

Das kgV von (28/63) fehlte.

Die Berechnung der kgV - mit unterschiedlichen Methoden:

(110/70) M3: ggT = 10 kgV = 11 · 70 = 110 · 7 = 770.

(200/250) M3: ggT = 50 kgV = 4 · 250 = 200 · 5 = 1000.

(34/51) M1 oder M2: V_{34} ={34; 68; **102**; 136..},V_{51} = {51; **102**..}

(35/55) M3: ggT = 5 kgV = 7 · 55 = 35 · 11 = 385.

(13/17) M1: teilerfremde Zahlen: kgV = 13 · 17= 221.

(180/600) M1 oder M3: ggT = 60 kgV = 3 · 600 = 180 · 10 = 1800.

(150/600) M1: 600 ist Vielfaches von 150.

(196/735) M4: 196 = 2 · 2 · (7) · (7) 735 = 3 · 5 · (7) · (7),
kgV = 4 · 735 = 196 · 15 = 2 940.

(28/63) M3: ggT = 7 kgV = 4 · 63 = 28 · 9 = 252.

(275/50) M2: V_{275} = {275; **550**; ..} und 550 ist Vielfaches von 50.

(61)

1	30; 45; **15**; **90**	**2**	10; 17; **1**; **170**	**3**	50; 10; **10**; **50**
4	**11**; **11**; 11; 11	**5**	**31**; 41; 1; 1271	**6**	27; 45; **9**; **135**
7	170; 1; **1**; **170**	**8**	**56**; 24; 8; 168	**9**	10; **135**; 5; 270

kgT und ggV

Der Vorschlag der 29 ist nicht sinnvoll. Denn der kleinste gemeinsame Teiler von zwei Zahlen ist immer die 1. Und das größte gemeinsame Vielfache von zwei Zahlen gibt es nicht. Denn wenn zwei Zahlen zum Beispiel das kgV 18 haben (etwa 6 und 9), dann sind auch 36, 45, 54…. auch gemeinsame Vielfache dieser Zahlen.

Kapitel 9

Januar

A 1	B 4	C 8	D 2
E 6	2	F 4	7
G 9	H 5	4	I 2
J 2	1	K 1	3

Februar

A 1	B 2	C 1	D 1
E 3	3	F 9	1
G 2	H 2	I 8	9
J 6	K 6	L 7	9

März

A 1	B 4	C 4	D 2
E 2	F 1	8	8
G 1	8	H 4	2
I 3	7	9	J 7

April

A 8	B 3	C 5	D 1	E 1
F 7	8	9	G 2	1
H 7	7	I 2	1	J 5
K 3	L 9	1	M 6	5
N 6	4	O 7	3	5

Mai

A 7	B 5	C 2	D 4	E 2
F 3	2	5	G 4	2
H 3	5	I 7	1	J 4
K 2	L 4	2	M 5	4
N 9	7	O 1	3	2

Juni

A 6	B 4	C 8	D 4	E 1
F 2	5	6	G 7	3
H 3	6	9	I 2	J 1
K 6	L 3	M 6	N 2	1
O 8	6	8	6	2

Juli

A 8	B 4	C 7	5	D 2	E 5
F 1	3	7	G 1	1	4
H 3	2	I 7	4	J 1	K 4
L 7	M 3	N 6	O 6	6	1
P 5	2	Q 8	1	R 2	1

August

A 1	B 2	C 1	D 7	E 2	F 7
G 4	9	H 3	6	I 7	2
J 8	K 2	7	L 1	M 9	1
N 9	O 5	5	P 9	3	Q 8
R 1	2	S 9	8	T 1	3

September

A 3	B 6	C 1	1	D 4	E 7
F 3	1	3	G 1	8	7
H 2	2	I 8	1	J 3	K 5
L 9	M 8	N 1	O 3	3	9
P 9	1	Q 4	9	R 1	8

Oktober

A 2	B 1	C 1	D 4	E 3	F 9
G 7	H 5	I 3	G 7	6	8
J 8	4	4	K 3	1	7
L 1	4	M 6	4	N 2	3
O 1	P 8	3	Q 4	R 8	S 1
T 1	4	4	U 2	2	5

November

A 7	B 7	C 2	D 2	E 9	F 3
G 5	7	7	5	H 9	4
I 3	2	J 2	K 5	L 9	3
M 1	N 2	9	O 1	9	P 6
Q 4	5	R 9	S 8	T 5	2
U 2	6	V 2	4	W 3	2

Dezember

				A 4				
			B 2	4	C 5			
			D 4	4	1			
		E 3	8	F 7	G 3	H 5		
		I 6	J 2	K 7	L 1	1		
	M 5	N 1	5	O 7	2	P 3	Q 2	
	R 6	9	S 4	T 1	1	U 4	6	
V 2	7	W 6	1	1	X 1	9	Y 9	7
				2				
			Z 7	1	7			

Die Autorin

Annelies Paulitsch hat nie einen anderen Berufswunsch gehabt als Lehrerin zu werden und wusste schon als Zehnjährige, dass sie Mathematik studieren wollte. Sie hat beides verwirklicht und ist noch heute froh, einen Beruf gehabt zu haben, in dem sie beides verbinden konnte - ihre Liebe zu Kindern und ihre Liebe zur Mathematik.

Annelies Paulitsch wurde 1943 in Lodz/Polen geboren. Nach ihrer Schulzeit in Rostock und Lemgo studierte sie Mathematik und Evangelische Theologie - in Erlangen, Bonn und Tübingen. In Tübingen legte sie 1968 das erste und 1969 das zweite Staatsexamen ab.

Anschließend arbeitete sie als Lehrerin für Mathematik und Religion zunächst in Reutlingen und dann in Hamburg. Von 1998 bis 2008 war sie zusätzlich als Fachseminarleiterin für Mathematik am Landesinstitut in Hamburg tätig.

Seit August 2008 ist Annelies Paulitsch im Ruhestand.